主编 欧阳自远

嫦娥书系

超越广寒
月球开发的迷人前景

王家骥 著

上海科技教育出版社

嫦娥书系

主　编　欧阳自远

副主编　卞毓麟　邹永廖

编　委　(以姓氏笔画为序)

王世杰　王家骥　卞毓麟　李必光

陈闽慷　张　焘　邹永廖　欧阳自远

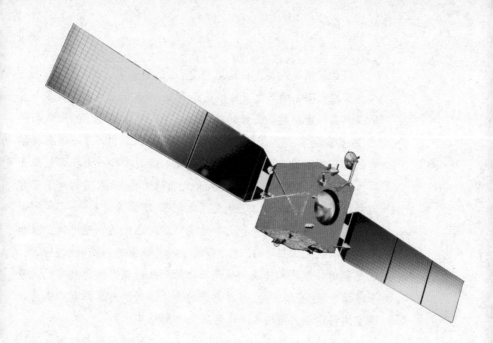

▮ 主编的话

　　21世纪是人类全面探测太阳系的新时代。当代的太阳系探测以探测月球与火星为主线,兼顾其他行星、矮行星、卫星、小行星、彗星和太阳的探测;研究内容涉及太阳系的起源与演化,各行星形成和演化的共性与特性,地月系统的诞生过程与相互作用,生命的起源与生存环境,太阳活动与空间天气预报,防御小天体撞击地球及由此诱发的气候、生态的环境灾变,评估月球与火星的开发前景,探寻人类移民地外天体的条件等重大问题。

　　月球是地球唯一的天然卫星,是离地球最近的天体。自古以来,她寄托着人类的美好愿望和浪漫遐想,见证着人类发展的艰难步伐,引出了许多神话传说与科学假说。月球也一直是人类密切关注和经常观测的天体,月球运动和月相的变化不仅对人类的生产活动发挥了重大作用,还对人类科学技术的发展和文明进步产生了广泛而深刻的影响。

月球探测是人类走出地球摇篮，迈向浩瀚宇宙的第一步，也是人类探测太阳系的历史开端。迄今为止，人类已经发射110多个月球探测器，成功的和失败的约各占一半。美国实现了6次载人登月，人类获得了382千克的月球样品。月球探测推动了一系列科学的创新与技术的突破，引领了高新技术的进步和一大批新型工业群体的建立，推进了经济的发展和文明的昌盛，为人类创造了无穷的福祉。当前，探索月球，开发月球资源，建立月球基地，已成为世界航天活动的必然趋势和竞争热点。我国在发展人造地球卫星和实施载人航天工程之后，适时开展了以月球探测为主的深空探测。这是我国科学技术发展和航天活动的必然选择，也是我国航天事业持续发展，有所作为、有所创新的重大举措。月球探测将成为我国空间科学和空间技术发展的第三个里程碑。

中国的月球探测，首先经历了35年的跟踪研究与积累。通过系统调研苏、美两国月球探测的进展，综合分析深空探测的技术进步与月球和行星科学的研究成果，适时总结与展望深空探测的走向与发展趋势。在此基础上，又经历了长达10年的科学目标与工程实现的综合论证，提出我国月球探测的发展战略与远景规划，系统论证首次绕月探测的科学目标、工程目标和工程立项实施方案。2004年初，中央批准月球探测一期工程——绕月探测工程立项实施。继而，月球探测二、三期工程列入《国家中长期科学和技术发展规划纲要(2006~2020年)》的重大专项开展论证和组织实施。中国的月球探测计划已正式命名为"嫦娥工程"，它经历了2004年的启动年、2005年的攻坚年和2006年的决战年，攻克了各项关键技术，建立了运载、卫星、测控、发射场和地面应用五大系统，进入了集成、联调、试运行和正样交付出厂，整个工程按照高标准、高质量和高效率的要求，为2007年决胜年的首发成功，打下了坚实的基础。

中国的"嫦娥一号"月球探测卫星，为实现中华民族的千年凤愿,即将飞出地球,奔赴广寒,对月球进行全球性、整体性与系统性的科学探测。为了使广大公众比较系统地了解当今空间探测的进展态势和月球探测的历程,人类对月球世界的认识和月球的开发利用前景,中国"嫦娥工程"的背景、目标、实施过程和重大意义,上海科技教育出版社在三年前提出了编辑出版《嫦娥书系》的创意和方案,与编委会共同精心策划了《逐鹿太空》、《蟾宫览胜》、《神箭凌霄》、《翱翔九天》、《嫦娥奔月》和《超越广寒》六本科普著作,构成一套结构完整的"嫦娥书系"。该书系的主要特点是:

(1) 我们邀请的作者大多是"嫦娥工程"相关领域的骨干专家,他们科学基础坚实,工程经验丰富,亲身体验真切,文字表述清晰。他们在繁忙紧张的工程任务中,怀着强烈的责任感,挤出时间,严肃认真,精益求精,一丝不苟,广征博引,撰写书稿。我真诚地感激作者们的辛勤劳动。

(2) "嫦娥书系"是由六本既各自独立又互有内在联系的科普著作构成的有机整体。其中《逐鹿太空——航天技术的崛起与今日态势》,系统讲述人类航天的艰难征途与发展,航天先驱们可歌可泣的感人故事;《蟾宫览胜——人类认识的月球世界》,系统描述人类认识月球的艰辛历程,由表及里揭示月球的真实面目,追索月球的诞生过程;《神箭凌霄——长征系列火箭的发展历程》,系统追忆中国长征系列火箭的成长过程并展示未来的美好前景,是一首中国"神箭"的赞歌;《翱翔九天——从人造卫星到月球探测器》,系统叙述中国各种功能航天器和月球探测器的发展沿革,展望未来月球探测、载人登月与月球基地建设的科学蓝图;《嫦娥奔月——中国的探月方略及其实施》,系统分析当代国际"重返月球"的形势,论述中国月球探测的意义、背景、方略、目标、特色和进程,是当代中国"嫦娥奔月"的真实史诗;《超越广寒——月球开发的迷人前景》,是一支开发利用月球的科学畅想曲,展现了人类和平利用空间的雄心壮志与迷人前景。

（3）"嫦娥书系"力求内容充实、论述系统、图文并茂、通俗易懂，融知识性、可读性、趣味性与观赏性于一体。

（4）"嫦娥书系"无论在事件的描述上还是在人物的刻画上，都力求真实而丰满地再现当代"嫦娥"科技工作者为发展我国航天事业而奋斗、拼搏、奉献的精神和事迹，书中还援引了他们用智慧和汗水凝练的研究成果、学术观点和图片资料。特别值得一提的是，书系在写作过程中还得到了他们的指导、帮助、支持与关心。虽然"嫦娥书系"作为科普读物，难以专辟章节一一列举他们的名字，书写他们的贡献，我还是要在此代表编辑委员会和全体作者对他们表示衷心的感谢和深深的敬意。

在这里我要特别感谢上海科技教育出版社精心的文字编辑和装帧设计，使"嫦娥书系"以内容丰富、版面新颖、图文并茂的面貌呈献给读者。我们相信，通过这一书系，读者将会对人类的航天活动与中国的"嫦娥工程"有更加完整而清晰的认识。

欧阳自远

二〇〇七年十月八日于北京

目　录

结束语　人类文明的新阶段

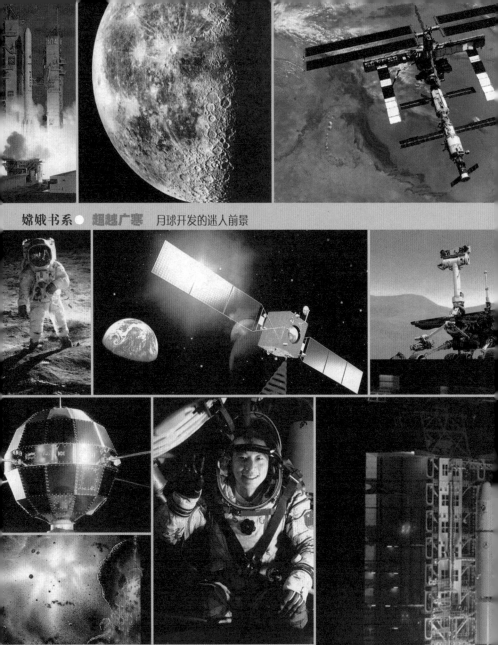

嫦娥书系 ● **超越广寒** 月球开发的迷人前景

人类在月球上进行开发活动艺术形象图

引言　为什么要开发月球

"探月工程一期的关键技术都已基本解决,我们正整装待发。"2003年3月,中国探月工程首席科学家、中国科学院院士欧阳自远在接受记者专访时这样说。

2004年1月,中国国务院正式批准绕月飞行工程立项。中国的探月工程命名为"嫦娥工程",第一颗绕月卫星命名为"嫦娥一号"。

发射月球探测卫星只是中国整个探月工程的第一步。接下来的第二步将在月球"软着陆",使用月球车在月面上巡回探测。第三阶段,要把机器人送上月球,在月球有代表性的区域进行采样,并把样品带回地球。整个探月工程将用10年以上的时间才能全部完成。然

而,即便如此,那也只是规模更大的月球开发事业的一个序曲。

20世纪50年代末人类进入太空时代以后,经过一次次的月球探测和载人登月活动,全世界都开始用新的眼光来打量这颗离人类最近的星球。

现在,人们已经认识到,月球是一个有着极其丰富资源的宝库。目前月球上已知有100多种矿物,其中有5种是地球上没有的。在月球表面厚厚的尘土里,蕴藏着一种非常重要的能源——氦3。它在地球上十分罕见,是可控核聚变的主要原料之一。目前,国际上正在加快可控核聚变反应堆的建设。如果有100吨氦3原料,核电站所产生的电能就足够全球使用一年。而据估算,月球上的氦3储量竟有100万~500万吨之多!这些氦3如果能够开发出来,保守地估计也够人类用上几万年。

月球虽然环境恶劣,但也有独特的优点。月球上引力很小,在那里建造发射场向空间发射航天器,成本将比从地球上发射低很多。月球上没有大气,在那里建造天文台能看得更远、更清楚,在那里建造太阳能发电站效率将更高。

总而言之,月球有着巨大的开发价值。

早在1970年,美国国家宇航局就已经制订了一个庞大的月球开发计划。1987年,美国女宇航员萨莉·赖德(Sally Kristen Ride)受宇航局委托,领导一个小组,较完整地提出了建立月球基地、开发月球的长远计划。

根据赖德的计划,将分三个阶段建成月球基地。首先,在20世纪90年代,对月球进行无人探测,测绘月面图,进行月球化学研究,寻找月球水源,深入研究月球环境,并选定月球基地建设地点。接着,在2000年至2005年,载人重返月球,并带去科学与生活设施,开展科学实验、制氧试验,并最终建立生活、居住和研究区。最后,2005年至2010年,逐步建立月球永久性居住基地,其中有闭环生活系统,能开展科学研究、技术实验、矿产开发、材料加工等活动。

20世纪 80 年代末,国际宇航科学院认为,人类全面征服月球的时机已经到来,并建议在今后的 25 年内,包括中国在内的各个国家应携起手来,共同努力在月球上建立一个永久性的生活区和工作站。它可供 50~100 人居住,同时也是一个科研站、天文台和生产基地。从长远的观点看,月球基地也将是人类探索火星的出发点。21 世纪结束以前,将建成具有高度自给能力的月球居民区。

现在看来,美国和国际宇航科学院的计划都过于乐观了。建立月球基地、月球发电站和开发月球资源将是艰巨的长期任务。不过,这里并不存在不可逾越的障碍。目前,一些国家已经开始新一轮的月球探测,以此为人类开发月球的下一步做准备。不久前,美国宣布了"新前锋月球探测计划",明确今后的太空探测将以月球为主。欧洲空间局则计划在 2020 年之前分四个阶段进行月球探测,最后将完成月球基地建设,宇航员进驻永久性月球基地。2004 年,他们发射了首个月球探测器。2007 年 9 月 14 日,日本发射了"月神号"月球探测器。印度也提出了自己的探月计划,甚至连美国的一些私人公司也在计划发射探测器。

2004 年 12 月,在中国土木工程学会第 11 届年会上,中国科学家已将"宇宙空间建设工程技术"提上议事日程,列入 2020 年前工程技术领域 12 项关键技术之一。它将配合已经正式启动的"嫦娥工程",为在月球上建设科研基地做准备,最终达到和平开发利用月球,让月球为人类服务的目的。

可以相信,人类克服种种困难,在月球上建立基地、开展科研、进行开发等活动,将能在 21 世纪内实现。到那时,去月球旅游也将成为现实。

图1-1　探测月球的"机器人"——月球车在月面工作的艺术构思图

第一章　月球机器人

机器人是开发月球的生力军

　　月球是个没有空气、没有水、没有生命的世界,这是人类开发月球首先会碰到的障碍。

　　如果只是几个宇航员在月球上登陆,作几天科学考察就回来,那他们可以把氧气、水和食物带去。可是,开发月球就没有这么简单,那将是一项规模宏大的长期的工作,这些工作如果都由人来完成,需要多少氧气、水和食物才能满足他们的需要啊!

　　幸好,现在有了机器人。它们可以替人干一些特别繁重、危险的工作,或是在那些有毒、有害的环境中辛劳(图1-1)。

按照国际标准化组织的定义，"机器人是一种自动的、位置可控的、具有编程能力的多功能机械手，这种机械手具有几个轴，能够借助于可编程序操作来处理各种材料、零件、工具和专用装置，以执行种种任务"。从这个定义可以看到，是不是具有类似人的外形，并不是构成机器人的必要条件。

那么，作为机器人，应该具备哪些必要条件呢？

机器人必须具有某些不同的功能和完成多样简单任务的实际能力。这意味着，机器人应该具有能够根据任务需要而变更的几何结构。

机器人必须具有对环境的自适应能力，即应该能够自我执行未经完全指定的任务。这一能力要求机器人能认识其环境，即具有人工知觉。

机器人都应由操作机、驱动单元及控制装置三大部分组成。操作机可进一步分为机械手、机座和移动机构等，其中机械手具有类似人手的功能，可在空间抓放物体或操持工具进行多种作业。驱动单元包括驱动器、减速器和内部检测单元。控制装置相当于人的大脑及感觉系统，由传感器、信号检测电路、计算机及软件等组成。

具有视觉、触觉、力觉等传感器的控制装置，既能遵照人输入的程序控制机器人的运动，又能根据传感器检测到的环境信息控制驱动单元，使操作机的运动能跟踪目标，保证任务的完成。一些移动式机器人的视觉传感器检测到路上有障碍物时，其控制装置能自动规划路径，绕过障碍物，达到操作人员指定的位置。这类具有感觉及决策功能的机器人统称为智能机器人。

人类探测和开发月球的历程始于1959年，形形色色的机器人正是人类开发月球的先遣队和生力军。

1959年1月2日，苏联发射了"月球1号"探测器。两天后，这个探测器在离开月球几千千米的地方飞掠而过。1964年7月31日，美国的"徘徊者7号"探测器在月球上实现硬着陆。所谓硬着陆，就

是撞击,探测器当然撞碎了。一年半以后,1966年2月3日,苏联的"月球9号"探测器,在月球上实现了软着陆,这个探测器在着陆后继续工作了4天。

1967年4月17日,美国向月球发射了"勘测者3号"探测器。这个探测器于4月19日在月球风暴洋边缘、哥白尼(Copernicus)环形山以南大约370千米处软着陆。它携带了一种机械检测设备,可以用来测试月球土壤的结构及其机械性能。这种设备已经具有机器人的基本特征,可以说是人类探测和开发月球历史上第一个成功使用的月球机器人。

此后,美国于1967年9月到1968年1月的4个月内,又接连向月球发射了"勘测者5号"、"勘测者6号"和"勘测者7号"。这3个探测器都携带了可以进行化学分析的设备。它们能按地面指令掘出月球岩样,并测定其化学成分。测得的理化指标证明,这种灰色的火山岩石足以支撑载人登月飞船。这些具有机器人特征的探测工作,起到了为后来"阿波罗号"载人登月探路的作用。

苏联发射了人类历史上第一颗人造地球卫星,又相继率先实现了探月飞行以及在月球上硬着陆和软着陆,可是,载人登月却落在了美国的后面。其实,苏联的载人登月计划一点不比美国落后,可是他们的运载火箭不可靠,接连发生了几次灾难性的失败。他们没能制造出像美国"阿波罗号"飞船所使用的"土星5号"那样功率强大而且性能稳定的运载火箭。

1969年7月21日,美国宇航员阿姆斯特朗(Neil Alden Armstrong)乘坐"阿波罗11号"到达月球,从登月舱走下梯子,在月球上留下了人类的第一个脚印。整个20世纪60年代,苏、美两个超级大国竞相探月、登月,以期压制和超过对方。然而,美国人率先登上了月球,结局已定,苏联最终放弃了登月。

苏联退出登月竞争之后,转向了花钱较少、风险较小的利用机器人考察月球的行动。1970年9月12日,苏联发射"月球16号"。它

图1-2　1970年11月17日在月球表面着陆的苏联"月球17号"携带的月球探测机器人"月球车1号"

于9月20日在月球上的丰富海软着陆，然后首次使用钻头采集了120克月岩样品，装到回收舱的密封容器里，于9月24日带回地球。

1970年11月10日，苏联的"月球17号"装载着世界上第一辆自动月球车上天（图1-2）。它实质上就是一种可行走的机器人。1970年11月17日，"月球17号"在月球表面的雨海着陆后，携带的"月球车1号"登上了月球表面，开始了长达10个多月的科学考察。这辆月球车重756千克，长2.2米，宽1.6米，装备有电视摄像机和核能源装置。它在月球上的行程超过10千米，考察过的月球表面地域范围达8000平方米，拍摄了200幅月球的全景照片和2万多张月面照片。直到1971年10月4日，它的核能耗尽才停止了工作。

苏联在1973年1月8日发射的"月球21号"，把"月球车2号"送上了月面。苏联的最后一个月球探测器"月球24号"于1976年8月9日发射，8月18日在月球表面危海软着陆，打钻、采集并带回了170克月岩样品。

人们可以看到，倘若不是使用自动月球车，而是像美国那样靠

人登上月球,那就很难进行范围如此之大、持续时间如此之久的科学考察。起初,"阿波罗号"宇航员登上月球之后,活动范围非常有限(图1–3),直至1971年7月30日登月的"阿波罗15号"宇航员驾驶月球车在月面上巡视,活动范围才有所扩大,但与苏联的自动月球车长时间逗留在月球上还是不能相比。

那么,将来在月球开发中使用的机器人,会是什么样子呢?

绝大多数机器人的模样根本就不像人。人们的确一直在想办法制造更加像人的机器人,不但工作能力上更像,更加智能化、人性化,而且在外形上也更加相像。这样的机器人称为人形机器人。人形机器人,决不仅仅要求形似,不然那就只是一个人体模型了。

可以肯定地说,绝大部分月球机器人,特别在开发月球的初期

图1–3　"阿波罗12号"登月宇航员重访遗留在月球上的"勘测者3号"探测器,远处是"阿波罗12号"登月舱

大显身手的,外形上不会与人有多少相像之处,而且也没有这样做的必要。

月球机器人可以有固定式和移动式两种,前者被固定在某个底座上,只能移动机械手的各个关节,移动机器人则可沿某个方向或任意方向整体移动。移动机器人又可分为轮式机器人、履带式机器人和步行机器人。美国的几个"勘测者号"都是固定式机器人,苏联的"月球车1号"和"月球车2号"则属于移动机器人中的轮式机器人。

按照用途,"勘测者号"和"月球车1号"、"月球车2号"等都属于探测机器人。在将来的月球开发中,除了需要更先进、能力更强的探测机器人——包括新型的月球车(图1-4)以外,还需要各种搬运机器人、装配机器人、挖掘机器人和排险机器人等。

机器人是现代科学技术发展的成果之一,人们正在努力使之向更高级的阶段——智能机器人发展。当机器人具有能感知周围环境的某些事物且能作出反应的传感器时,它们将能像人一样自己去完成要做的作业,这种能力正是开发月球所迫切需要的。

下面,我们具体介绍几个曾在人类探月的历程中建立过功勋的月球机器人,以及在探测火星的活动中起过重要作用的一些机器人。

"勘测者3号"及后来的"勘测者5号"、"勘测者6号"和"勘测者7号"的基本结构,均由一个用薄壁铝管做的三脚架和一些支架组成,动力系统、通信系统、推进系统、飞行控制系统和科学探测设备系统安装在这些支架上并通过这些支架相连接。中央桅杆伸出三脚架顶点上方约1米。3条铰接的着陆腿附着于结构下部的3个角上。着陆腿上安装有减震器和防陷垫。3个防陷垫在着陆腿张开后离开中心距离为4.3米。

这几台"勘测者号"高约3米,桅杆顶部安装有一块0.855平方米的太阳能电池板,每块电池板由792个太阳能电池组成,可产生

图1-4 一款月球车的模拟示意图

功率达85瓦的电能。中央桅杆顶部附近还安装有一副可转动的大平面阵列高增益天线,用于传输电视图像。两副全方位圆锥形天线安装在两根折叠式悬臂的末端,分别用于上传通信和下传通信。

"勘测者号"有两个热控制小室,一个小室的温度控制在5℃~50℃,用于安放通信和动力补给电子装备;另一个小室的温度控制在-20℃~50℃,安放指令和信号处理组件。电视巡察照相机安装在三脚架顶部附近,变形测量器、温度传感器和其他工程仪器安装在探测器各处。一个太阳传感器、一个老人星跟踪器和分别安装在3个轴上的陀螺仪用于确定"勘测者号"本身的姿态。其他科学探测设备按照它们的功用各就各位。

"勘测者3号"有一个月面采样器,由一把12厘米长、5厘米宽的铲子安装在1.5米长的伸缩臂上组成。"勘测者5号"和"勘测者6号"用一台α粒子散射仪代替月面采样器研究月面化学成分,并在一条着陆腿上附有一小块条形磁铁,用于检测月球土壤中存在的磁性物质。"勘测者7号"既有月面采样器,又有α粒子散射仪,在月面铲上还加了两块马蹄形磁铁。

　　月面采样器是为挖掘和擦刮月面并传送采得的月面物质而设计的,其中的铲子包括一个容器,一把锐利的刀片及一台用于开启和关闭容器的电动机。这把铲子最多可获取直径约 3.2 厘米的固体月球物质和最多约 100 立方厘米的颗粒状物质。安装这把铲子的伸缩臂可以在方位角 +40°到−72°范围内运动,举高可达 13 厘米,它也可以下降到月面上。这把铲子铲刮的深度可达 3.8~5 厘米,用来挖掘沟槽则可深达 17.5 厘米。

　　苏联的"月球车 1 号"由轮式底盘和仪器舱组成,用太阳能电池板和蓄电池联合供电。它的底盘上装有 8 个 51 厘米直径的轮子,通过电动机驱动和使用电磁继电器制动。仪器舱内安装了遥测系统和电视摄像系统,仪器舱内还装有一个同位素热源以保温。"月球车 1 号"对月面进行了大范围的考察和照片拍摄,在行车线的 500 个点上对月球土壤进行物理力学特性分析,并对 25 个点的月球土壤进行了化学分析。此外,它还收集了大量月面辐射数据。"月球车 2 号"比"月球车 1 号"更先进,在 4 个月的时间里漫游了 37 千米,发回 88 张月面全景图,并用车载的 X 射线分光计对月球土壤进行了化学分析。

　　1997 年 7 月 4 日,美国"火星探路者号"探测器在火星上着陆,带上去一辆火星漫游车,其名称音译为"索杰纳"(Sojourner),意译则为"旅居者"。它可以看作一台轮式移动火星机器人。

　　"旅居者号"火星漫游车长 65 厘米,宽 45 厘米,高不足 30 厘米,和普通电视机差不多大小。它有异常灵活的 6 个车轮,特别适合在火星崎岖不平的表面行走,由地面控制中心的电脑操纵。科学家采用虚拟现实技术,把环绕火星运行的飞船拍摄的火星表面三维图像,转换成有深度感的立体视像,从而可以从各个角度观看,并操纵漫游车绕过障碍物,安全地在火星表面漫游。

　　"旅居者号"在火星上执行指令的情况,仍由飞船拍摄下来,传

送回地球,科学家可以根据这些图像决定它下一步的行动。另外,车上还安装了 5 台激光导航装置,可以依靠它们直接侦察地形,及时发现障碍物,寻找合适的前进路线。

为了确保安全,"旅居者号"与地面控制中心的联系一旦中断,它就会自动停止行走,直至恢复联系,重新获得地球上科学家的指令。

2004 年 1 月 4 日和 25 日,美国"勇气号"和"机遇号"两个探测器相继在火星上着陆。这是一对孪生的火星机器人,是两台完全相同的火星漫游车(图 1-5),着陆在火星上经度相距约 180°的两个具有液态水影响痕迹的地点,以便寻找火星上曾经有过液态水的证据。

"勇气号"和"机遇号"就像两位机械化的地质学家漫步在火星表面,每天最多可行驶 100 米的路程,摄像头安装在 1.5 米高的桅

图1-5　"勇气号"火星漫游车的雄姿,"机遇号"和它完全一模一样

杆上,可以提供360°的立体感和人性化的地形景观。机械臂可以像人的手臂那样运动,把科学仪器直接放到感兴趣的岩石和土壤目标前面。机械手中的显微镜头就像地质学家手中的放大镜,可对目标进行细致观察。岩石磨削工具的作用就相当十地质学家用米暴露岩石内部情况的岩石锤。

机器人的臂、手和腿

使用机器人,是为了让它代替人去进行各种作业。为此,机器人通常必须至少有一支机械的臂,在臂端安装有机械的手。它握住对象物之后可将其移动到某一指定的目的地,或者给对象物施加必要的力等。

为了把一个物体按照指定的位置和姿态固定在三维空间内,通常必须至少有6个运动自由度。其中,3个自由度与这个物体安放的位置有关,即沿着前后、左右、上下3个方向的运动。另外3个自由度则与这个物体安放在上述位置时的取向有关,即必须能够让这个物体绕着3个空间坐标轴方向转动。因此,机械臂必须至少有6个可以自由运动的机构。通常,机器人的臂由几根连杆组成,各连杆通过俯仰(旋转轴与连杆轴垂直)、转动(旋转轴与连杆轴平行)和滑动等关节机构相连接。

此外,在机械臂的末端,还要有夹持物体的运动,这由机械手来完成。机器人臂的6个自由度再加上这一个自由度,一共就是7个自由度。有7个自由度的机器人能够完成人的手和臂的基本运动,但还不是全部的运动。因为,人的手和臂共有17个关节、27个自由度。其中,人臂有肩、肘、腕3个关节,共7个自由度,而5个手指有14个关节,共20个自由度。

机器人的手通常只有一个夹持自由度,其灵巧性不能与有5个手指的人手相比。不过,它已能基本满足目前所承担的各种操作任务的要求。让机器人手采用一个以上的运动自由度原则上是可能

的,但会使结构复杂化。

　　机器人臂的 6 个自由度称为基本自由度。多于 6 个的自由度称为多余自由度。人的臂上就有一个多余自由度。有多余自由度的臂的优点是可以用它来完成难度较大的操作任务,其缺点是增加了控制困难。此外,自由度越多,整个机器人的结构也就越复杂。

　　机器人的臂也有自由度数少于 6 个的情况。在这种情况下,臂的动作范围大大受限。这时,机器人通常还有其他的臂,这支受限的臂仅起到与其他的臂相配合的辅助作用。

　　机械人的臂按其自由度的配置方式不同,可分为倒悬式和关节式两种基本类型。倒悬式臂的下臂总是悬挂在上臂下方,当臂处于中间平衡位置时,上臂水平,下臂垂直。关节式臂的各种运动自由度的配置方式大体上类似于人的臂,当臂处于中间平衡位置时,上臂垂直,下臂水平。这两类几何形状的臂各有优缺点,究竟选用哪一种,需视机器人所要承担的主要任务而定。

　　有人主张,为使机器人和人相似,最低限度应要求机器人臂能做如下运动:屈曲和伸张、外展和内收、回转,且腕肘也能运动。这就要求机器人的臂具有关节式结构。利用肩、肘和腕 3 个关节的配合运动可以产生手的屈伸和回转等运动,完成很复杂的动作。这种关节式结构的臂,构造复杂,控制困难,但应用越来越多。

　　人的手关节多,手掌和手指上又有感觉能力,所以可以进行很高级的操作。要使机器人的手完全模拟人手的动作目前还相当困难。机器人手的主要功能是抓取物件,所以也称为抓取机构。机器人的手要具有对不同抓取对象和不同抓取动作的适应性,有时要求它能迅速地更换专用手爪。手爪必须有一定的开启角和适当的爪数。人的拇指、食指及中指的作用较大,相比之下其余两指的作用小一些,因此机器人的手爪常为两爪或三爪。

　　手爪必须具有一定的抓紧力,并且这种力要是可调节的。例如抓取很重的物体或带有振动的物体时不能松开,抓取易碎的物品时不能使物品被挤压坏,也不能让物体滑脱,等等。人手指尖可以变形,这对有效地抓取物体很有帮助,但机器人的手尚难做到这一点。

为实现抓取功能,机器人手的抓取方式有抓、夹、支持、吊挂、真空吸附和电磁吸附等。太空机器人不适合采用真空吸附,但可以采用电磁吸附。电磁吸附抓取机构是一种电磁铁机构。线圈通电后,能使磁盘产生很强的磁性吸力,可以吸住具有铁磁性的物件。断电后,电磁吸力消失而松开物件。

机器人的移动机构就是它的腿,装上移动机构,机器人就能像人一样在广阔的空间作业。这类移动机构可采用轮式、履带式或步行式几种方式。

机器人行进时,要在重心不断变化的情况下保持稳定,这是比较困难的。因此,机器人的移动,通常采用滚动方式来实现。

轮式机器人适于在较为平坦的场地工作,多采用4轮或3轮机构,也有6轮或更多轮子的。采用更多的轮子,一般地说,可以有更好的机动性能和更适应复杂的地形状况。美国的几台火星漫游车均采用6个轮子,这些轮子可以根据地形上下调整高度,提高其稳定性,适合在崎岖不平的火星表面运行。

采用4个轮子构成的车,可通过分别控制各个轮子的

图1-6 美国科学家设计的一种月球车

转向角来实现全方位移动(图1-6)。这种移动机构能够保持机身方位不变而往平面上的任意方向移动,也能像普通车辆那样改变机身方位。由于这种机构的操控性能灵活,特别适合于在窄小空间中的移动作业。

采用轮式移动机构的机器人,轮子不能离开地面,遇到地面崎岖不平或乱石堆等便不能前进。有一种适合在不平地面移动的多节车轮式机构,每一节小车有3个自由度,即驱动自由度、升降自由度和转向自由度。该移动机构能够跨越障碍和沟坎,可以通过窄小弯曲的通道,还能够从倾覆状态自行恢复到正常状态。这种倾覆后的自复位功能,对于星球考察显得尤其重要(图1-7)。

履带式机器人的机身装在2条或4条履带上,车轮不直接与路面接触,可利用缓冲适应路面状态。回转机构可分别使各条履带倾斜,以适应前进方向的地形变化,因而可在地形复杂的野外安全移动,甚至在45°的坡面上行驶时机身也不倾斜。

履带移动机构与轮式移动机构相比,更适合在松软场地进行作业,下陷度小,通过性能较好,越野机动性好,爬坡、越沟等性能均优于轮式移动机构。履带支承面上有履齿,不易打滑,牵引附着性能好,有利于发挥较大的牵引力(图1-8)。但履带移动机构结构复杂,质量大,运动惯性大,减振性能差,零件易损坏。

图1-7 哈尔滨工业大学的月球车模型

图1-8　在2004年10月举行的浙江省首届大学生机械设计竞赛上，温州职业技术学院代表队制作的参赛月球车模型

现有的步行机器人，技术上比较成熟的是形如蜈蚣、蛇、螃蟹、马等的多足机器人。它们有很强的适应能力，能在地形极其复杂的地面上行走，在松软地面上行走时效率更高。这类机器人采用连杆型的脚，其中一部分脚用来平衡支撑机器人的重心，另一部分脚进行移动。这两部分脚可以交替进行上述两种动作。

两条腿的机器人因为外形上与人相像，更受到一般人们的喜爱。目前世界上已有不少人在进行这种研究，日本创造出的双腿走路机器人的腿由胯、膝、踝组成，这些关节都由传动装置保证能前后左右移动和旋转。

最初的双腿步行机器人采用静态步行方式，即抬腿、单腿支撑、摆动腿向前跨并脚跟着地。在行进过程中，要调节平衡摆，使机体重心落在支持脚底板上，以保证机器人机身稳定。

为改进静态步行机器人行动缓慢、脚底板离不开地面的缺点，人们又研制成准动态步行机器人，其特点是：当单腿支持机身时重心几乎落在脚底板内，在用摆动腿使机身前进时，则利用惯性力使重心移动向前。这种步行方式与人的步行方式更加接近。

人步行时重心不需要左右摆动,而是利用脚蹬地时向前的惯性力再加上肢配合,以平稳前进,称为动态步行方式。近年来,国内外正在大力研究动平衡等问题,以提高机器人的行走速度,但目前尚未达到人的步行速度。

机器人移动的引导方式有遥控和自动两种。遥控的机器人由中央计算机发出指令,由车上接收装置接收以控制传动装置。自动移动式机器人则必须拥有触觉、视觉装置,用它们来辨识环境、测定自身位置和方向,并用计算机控制自身运动。

机器人的眼睛

人对外界环境的感知信息有 80% 依靠视觉获得。在机器人智能研究及应用系统中,视觉始终占据第一位。机器人视觉信息系统赋予机器人一种高级感觉机构,使得机器人能以"智能"和灵活的方式对其周围环境作出反应。

机器人的视觉信息系统包括图像传感器、数据传递系统,以及计算机和处理系统。机器人视觉可以定义为这样一个过程:利用视觉传感器(如摄像机)获取三维景物的二维图像,通过视觉处理器对一幅或多幅图像进行处理、分析和解释,得到有关景物的符号描述,并为特定任务提供有用的信息,用于指导机器人的动作。

机器人视觉图像的获取有两种方式:被动视觉和主动视觉。被动视觉是指由传感器被动地接受目标环境的反射光来产生视觉图像。如电视摄像机摄取景物图像时,必须使目标物处于一个适宜的自然或人工照明场中。在主动视觉方式中,传感器本身产生对景物的"照明",这里的"照明"可以是激光或超声波等。实际上,主动视觉传感器获得的往往是一幅关于目标对象的距离图像。

电视摄像机是最常用的被动视觉传感器,其核心器件是摄像管或电荷耦合器件(CCD)。现在,在太空机器人的视觉中,应用最多的是 CCD,它得到的是已经数字化的图像,数字给出的是组成图像的每个像素的灰度。图像分辨率与灰度等级这两个指标越高,图像就越清晰。

景物的照明对被动视觉起着很重要的作用。到目前为止,太空机器人视觉应用中的照明都采用自然光。但将来,为了让机器人在黑夜也能工作,当然需要人工照明。利用反射光照明可以获得一幅多灰度值的图像,以提供丰富的景物表面细节。

利用视觉传感器获得的数字图像不可避免地与理想图像有所差别,这里有多种原因,包括噪声、聚焦模糊、物体移动、光学系统的几何失真等。图像处理的目的之一就是恢复反映景物的真实图像,其输出的结果仍为一幅图像, 它可以供控制人员判断机器人的工作状态,进一步下达指令,也可以用虚拟现实的方法控制机器人的工作。

虚拟现实技术的基本思想在 1965 年首先提出,1970 年出现了第一个功能较齐全的虚拟现实系统的雏形。在 20 世纪 80 年代初,正式提出了"虚拟现实"一词。1984 年,美国开发成功用于火星探测的虚拟环境视觉显示器,为地面研究人员构造了火星表面的三维虚拟环境。1993 年 11 月,美国宇航员利用虚拟现实系统成功地完成了从航天飞机运输舱内取出哈勃太空望远镜面板的工作。

随着机器人智能程度的提高,原来由控制人员通过图像判读进行的工作,就必须由机器人自己来完成。不过,图像无法直接为机器人控制器所用,而需由计算机作进一步分析,机器人对图像的这种分析称为图像理解。

图像理解包括两个主要过程:分割和分类。为了对一幅图像作分析,应将整幅图像分割成若干个组成区域,通常这些区域分别对应于各个工作目标。在每个区域内抽取特征参数,并与已知目标的特性进行比较,从而实现对工作目标的描述、分类或识别。

要使机器人的视觉系统完全模仿人眼的视觉系统在目前还办不到,而且也不是十分必要。主要问题在于如何合理地实现人眼最起码的功能,尽量有效地、合理地利用外界信息,尽可能地选择必要

的特征参数,排除不必要的干扰。

　　为了精确地控制机器人的工作,需要让机器人像人一样具有三维视觉的分析能力。人的三维视觉的获得需要两个眼睛,机器人同样需要有两台摄像机。"勇气号"和"机遇号"火星漫游车桅杆上的摄像设备就由这样两台摄像机构成,从而获得立体视觉。

机器人的大脑

　　机器人的"大脑"就是电子计算机,即电脑,它是机器人的控制中枢。操作人员发出的工作指令需经过人机联系装置而加入到机器人的电脑中,也可以预先储存在机器人的电脑中。同时,外界环境的状态信息和机器人的手和脚的行动状态信息通过感觉装置加到机器人的电脑中。机器人的电脑可将这些信息储存起来,或者根据这些信息按照一定的准则作出工作决策和发挥控制作用,驱动传动装置,使手和脚进行操作和行走。机器人的感觉装置感受到了外界状态的变化,它的电脑就能重新修改控制作用以适应外界条件的变化。总之,机器人的电脑是一种能对输入信息进行自动加工并输出其结果的装置。

　　用电脑控制机器人的一个重要问题是实时控制,也就是要使机器人及时地感受到外界条件的变化信息和指令信息,并能很快地进行信息处理,按一定指标要求来产生控制作用。机器人除了中央电脑以外, 传感器可以带有单独的微电脑。带有微电脑的传感器有利于实现功能独立。现在的微电脑运算速度已经可以达到每运算一次快于百万分之一秒甚至十亿分之一秒, 远比人脑的反应速度快,而且运算准确无误, 按一般规律完全有能力实现对机器人的实时控制。

　　尽管电脑元件的反应速度比人脑神经元的反应速度快得多,但是,它识别外界物体和思考问题的速度却比人脑慢得多。为什么呢?原来,电脑执行运算操作的具体过程与人脑在原理上还是有着根本的区别。

举个最基本的例子。我们看一个汉字,实际上是在看一幅图像,在人的脑子里,完全不必先把它转换成某种编码,就能把它与别的汉字区别开来。可是电脑不行,它只能根据汉字的编码来区分不同的汉字。也就是说,人脑的识别方式是平面的、二维的,可是电脑的识别方式至今还是直线的、一维的。为了把一幅图画输入电脑,电脑必须采用逐行扫描的方式。即使采用CCD成像,电脑在读出CCD中的图像数据时,还是逐行进行的。这就比人脑接受一幅图像的速度远远慢得多。

再者,一般认为人脑的记忆是神经元的直接组成部分,而电脑记忆信息是用存贮器,它和直接利用信息的运算逻辑单元是分开的,即记忆信息的存贮器位于直接利用信息的区域之外。于是,储存容量越大,则存贮器与运算器交换信息就越困难。

因此,与人脑相比,电脑运算复杂,效率低下。近几十年来,人类的计算机技术,尽管在运算速度方面突飞猛进,但在运算方式方面,仍有待于取得根本性的突破。

为保证机器人能适应外界条件变化和具有人工智能,机器人的电脑中必须储存有完善的通用和专用软件——为让计算机执行特定的功能而编制的程序。

计算机软件分为系统软件和应用软件两大类。

系统软件主要包括语言加工程序、诊断程序和操作系统,这些程序是计算机本身所具有的。

应用软件是为解决实际问题而用专门的算法语言所编写的程序,这是使用者自己编写的程序。对于机器人的电脑来说,应用软件就是机器人的控制软件。

人为了控制机器人,让它按照人的要求工作,需要与机器人进行联系、对话,向它发布任务和命令。目前的计算机人机联系,包括各种应用软件,使用的是介于人的自然语言与计算机的机器语言之

间的某些专用语言,而语言加工程序就是把这两类语言联系起来的工具。

操作系统是控制各种软件的程序,其作用就是使计算机的工作流程自动进行。它管理系统的资源,包括硬件、数据和文件等,使整个系统得到最佳运行。诊断程序则用于检查计算机本身的毛病,一旦运算出现错误,机器人的工作出现故障,利用诊断程序可以判明错误发生的原因,为排除故障指明方向。

操作人员通过人机联系装置及电子计算机终端组成的控制台与机器人联系,即发布指令并监视机器人完成任务。

机器人的耳和嘴

这里所说的机器人的耳和嘴,不过是一种拟人的比喻,实际上泛指机器人与外部的通信系统。

机器人,尤其是太空机器人,它们的外部通信系统,通常采用无线通信。人在控制室里,通过无线电与机器人取得联系:一方面,向机器人发布指令,另一方面,获取关于机器人工作现场情况和执行任务情况的报告,如果是探测机器人,则还需要获取机器人对目标探测结果的报告。在很多情况下,机器人还需要向控制室传送电视图像信号。

机器人在工作时,各种传感器像人的神经一样遍布在机器人的各个部分,把温度、压力、电源的电压和电流、姿态参数和振动参数等变成电信号,通过无线电发射机送到控制室。控制室可以根据这些参数,来判断机器人的工作是否正常。

机器人的各种工作参数,以及探测机器人获得的各种科学数据,包括各种照片和电视图像,统称为遥测数据。机器人的各种遥测数据可以用不同频率的无线电波在不同时段传送。按不同频率传输不同的数据叫频分制,按不同时段传输不同的数据叫时分制,它们是两种最基本的遥测信号传输体制。无线电信号传输的体制有很多种,加上调幅、调频、调相、编码等二次调制,更是变化多端。

由控制室向机器人发布指令,称为遥控。有些玩具汽车、航海和航空模型就是用遥控方式来控制的。玩具汽车上装有接收机,人的手中拿着发射机,只要在手中的发射机上按下各种按钮,就能控制汽车做出前进、后退、转弯和鸣喇叭等动作。遥控和遥测的工作情况正好相反,机器人那里是遥控接收机,控制室这里则是发射机。

机器人的整个控制过程,是按照程序的安排由计算机发出控制指令,或由人工操作发出控制指令,再由编码器把它们编成易于区分和保密的无线电信号,通过发射机发送给机器人。机器人接收机收到信号后,由译码器把指令识别出来,然后送到自动控制设备去控制有关执行部件。

遥控过程分三个步骤来实现。第一步,机器人收到遥控指令后,先储存起来,同时通过遥测向控制室报告收到的指令内容。第二步,控制室对收到的遥测信号进行验证,确定这条指令是不是刚才发出去的内容。如果不对,就要重发。第三步是执行指令,控制室经过验证无误后,再发出执行指令。机器人只有在收到这条指令后,才能执行刚才储存起来的指令内容。

利用无线电作为通信手段,当然离不开天线。天线的种类很多,不同类型的天线具有不同的性能、特点,适合不同的无线电频段和不同的功用。通常同一台机器人可能需要安装几台不同类型的天线,分别用于发射、接收数据信号,以及图像和电视的传送等。对这些天线的一个共同要求是体积小、重量轻。

月球机器人的控制室,可以放在未来的月球村内。在月球村中,对机器人的直接控制范围是有限的,为了扩大控制范围,可以通过人造月球卫星进行中转。在目前的探测阶段以及开发月球的早期,月球机器人的控制室尚只能放在地球上。在这一阶段,控制室与月球机器人之间的通信,可以直接进行,但距离过于遥远。通常从地球发射的月球飞行器,在到达月球、施放月球机器人登陆月球之后,本

图1-9 在2004年10月举行的浙江省首届大学生机械设计竞赛上,浙江水利水电高等学校代表队在比赛中操控"月球车"行进

身将留在绕月飞行的轨道上,其高增益天线可以作为地面控制室与月球机器人之间通信的中转(图1-9)。

机器人的自我复制

在一些有关机器人的幻想电影中,机器人的自我修复和复制能力让人惊叹不已。机器与生物的重要区别是生物可以自我繁殖,而机器只能靠人来制造。可是,在这些幻想电影中,机器人和生物之间在繁殖方面的差别趋于消失,机器人竟然也学会了自我复制。

具有一定程度的自我修复能力,这对于太空机器人来说几乎是必需的。太空机器人进入太空后,万一某个元件、器件出现故障,不可能像在地球上一样马上派人去排除。如果太空机器人本身没有任何修复能力,那就只得报废了。现在的太空机器人,自我修复能力还非常差,但随着太空开发尤其是月球开发事业的发展,未来太空机器人的自我修复能力肯定会不断得到提高。

相比于自我修复,机器人的自我复制就更困难了。如今,科学家们已经研制出一些能够进行简单的自我复制的机器人,证明了机器人的"克隆"并不是梦想。

美国康奈尔大学的科学家研制了一种能自我复制的机器人,它由4节相同的智能模块组成,看起来像是托儿所里的玩具。智能模块的大小为10立方厘米,模块间可自由旋转120°。模块外表面配有电磁铁,这样模块之间就可以由磁力强弱来拼装组合或分开。这样设计的机器人可以自由拼装成各种形状,如塔、直角、正方形等。每一节模块里还有一个微型计算机芯片,其中含有组装时的具体指令。

这种机器人可以站立起来呈直柱状。自我复制过程开始后,它会"躺下"让第1节模块脱离,剩下3节,然后"站起弯腰",利用电磁铁的吸引力,吸取一个新模块,再在其另一端也吸取一个新模块,如此反复两次达到身长7节,再与脱离的第1节接上,最后从中间断开,成为2个各有4节模块的机器人。这种4个模块的机器人,完成自我复制只需要2.5分钟。

机器人自我复制的定义是,一部机器可以按照自身的情况,复制一部一模一样的机器,而它的复制品又能继续复制下一部机器,如此往复循环。康奈尔大学的科学家声称,他们研制的这种机器人尽管与幻想电影中的机器人自我复制尚有天壤之别,但它至少证明了机器人做到自我复制是可能的。生物克隆并不是唯一的自我复制方式,这是观念上的一个突破。

机器人一旦拥有自我复制能力,它在发生故障时的自我修复能力自然会突飞猛进。康奈尔大学的科学家介绍说:"这是一个兴趣的增长点——你需要的高性能机器人不仅能诊断问题,还能自我维

修。如果你把一个机器人送上火星，而它的某些部分又坏了，你当然希望能够修复，你可不愿意因为一个小错误就葬送了你的任务。"

韩国科学家也声称发明了能自我复制的机器人。其核心部件是一种软件系统。工厂只要生产大量的普通机器人，软件机器人就可以通过接口把自己的程序对拷到普通机器人的芯片上，从而在几秒钟内就可以完成自我复制。

这种机器人实际上是一种基于人类染色体编码软件的机器人。据介绍，其软件中有 14 个染色体程序，能使机器人像动物一样具有独特的性格。几个感官传感器能使这种原型机器人识别 47 种不同的外部刺激。这种机器人还有 77 种行为方式。

自我复制机器人会对人类构成威胁吗？如果会自我复制的机器人在合适的条件下一天内就复制数百个甚至数万个"坏机器人"，这些坏机器人又可以复制更多的坏机器人，那岂不是天下大乱了？还有，如果软件机器人在进化过程中发生"基因突变"，人类的安全也会受到威胁，"变坏的机器人"比真正的坏人还难以控制，它们就好比计算机中的电脑病毒，对其他机器人的"毒害"会相当深。

然而，"道高一尺，魔高一丈"。机器人自我复制只有在合适的条件下才有可能，人类可以通过控制机器人自我复制的条件来阻断"坏机器人"的自我复制。例如，人们可以设计一些能够人为控制的染色体程序，制造大量"反洗脑"机器人，让这些特工机器人大量自我复制，并寻找那些"坏机器人"，通过输入健康的电子程序让它们变成"好人"。

自我复制的机器人将会在太空中大显身手。就以开发月球为例，依靠机器人的自我复制，人类将有可能在月球上就地取材生产大量的机器人，以满足日益增长的需要。

嫦娥工程与机器人

作为中国月球探测工程中最重要的角色，预计在 2012 年，一台月球机器人将在月球上的某个月海登陆。中国科学家们目前初步考虑了月球上5个地势较为平坦的月海地区,最后将确定其中之一作为这位主角展示演技的舞台。

中国"863"计划航天领域遥感科学及空间机器人专家组组长、太空机器人专家孙增圻说,用于月球表面探测的机器人将是轻小灵巧的,能自由移动、爬坡和躲避障碍,并能适应月球上温差大等恶劣环境。月球机器人将考察宇航员未来的登陆地点、科学家感兴趣的区域,并完成放置仪器、收集样本和传送视频图像等任务。

这个重要角色的学名是"月球探测远程控制机器人",公众已习惯称它为"月球车"(图1-10)。我国月球车的制造已在全国公开招标,并将择优选用。哈尔滨工业大学、北京航空航天大学、清华大学、中国科学技术大学、航天科技集团第五研究院第502研究所、上海交通大学和国防科技大学等多家高校和科研单位参加了这一竞争。

北京航空航天大学汽车工程系主任、月球车项目总协调人丁水汀说,"要制造月球车,首先必须懂车。""它是技术高度集成的一个行走机构,包括热控、材料、电控、传感器、星际通信等等工程技术,不仅要适应月面极端环境,还要把各种科学研究功能集于一车之

图1-10　哈尔滨工业大学的科研人员在测试"行星轮式"月球车原理样车

图1-11 上海交通大学机器人研究所研制的小蜘蛛形机器人登月车正在人工遥控状态下进行操作

身。"在过去的几十年里,苏联和美国已经把数辆无人驾驶型和有人驾驶型的月球车送上月球。2004 年,"勇气号"和"机遇号"在火星上的杰出表现,使人类如同亲临那个遥远而神秘的世界。丁水汀说,国外早就解决了月球车的关键工程技术,它并非高深莫测,"但是在中国,这是第一次,所有的难题都必须自己一个个去突破"。

哈尔滨工业大学深空探测技术研究中心已经先后做出多辆月球车原理样机,以适应不同的月面环境。其中,一款"六轮摇臂转向架式"月球车是仿制由美国"阿波罗"飞船带上月球的月球车制成的,它在平稳性、抗颠覆能力和越障能力方面都有上佳表现。

在国家宣布正式启动探月计划之后,上海交通大学立即跟进,于 2005 年 1 月 15 日组建了空天科学技术研究院,并为他们的月球车项目取了一个与"嫦娥工程"同样浪漫的名字——"吴刚计划"。早在 1997 年,该校的机器人研究所已开始研究月球车的关键技术工作(图 1-11),先后有几位研究生以月球车为对象完成了学位论文。在各种机器人大赛和"2002 上海国际工博会"上,他们总共亮相过 6

种月球车模型。他们特别强调,这是一款"真正适合月面环境的月球车,而不是地球车"。

北京航空航天大学推出的最新样车有着独特的"变径轮"设计,在崎岖不平的路面上,轮子的直径可以自由伸缩,以保持车身水平,如同一个舞者的肢体一般灵巧、柔顺。

中国科学院沈阳自动化研究所承担了国家"863计划"智能机器人主题中可重构星球探测机器人的研究课题,研制成功了数个可以独立控制和协同作业的子机器人,为一个完整的太空探测机器人的诞生奠定了基础:这些子机器人的机械手在抓住主机器人后,就成了主机器人的"轮子",多个"轮子"协调起来,就可以像"机遇号"和"勇气号"火星车一样运动了。

在"2004全国科技活动周暨北京科技周"上,一款月球机器人样机在北京展览馆首次亮相。它由中国人民解放军装备指挥技术学院研制成功,名叫"喀吗哆"(图1-12)。这款月球机器人高90厘米,重35千克,看起来像个小型电视塔,上边是个带着天线的小圆碟,中间是个长长的柱子,底下是一个很大的圆盘。圆盘分为3块,下面藏着4组8个小轱辘。它的圆底盘采用四轮三扇的柔性设计,在月面上遇到障碍物时可以原地旋转,也可以自主跨越障碍,在复杂的

图1-12 中国人民解放军装备指挥技术学院研制成功的"喀吗哆"月球机器人样机

地理环境下不会轻易"栽跟头"。"喀吗哆"的这一设计,解决了目前月球车存在的拐弯不灵,以及发生一个轮子损坏就不能工作的毛病,这是美国火星车和其他车辆所不及的。机器人顶部的小圆碟里还藏着 3 只"眼睛",可以进行 360°观察并进行摄像。

中国现已在北京成立了第一个太空机器人的专门研究机构——国家高技术航天领域空间机器人工程研究中心。这个中心的常务副主任梁斌称:"中国太空机器人研究在许多关键技术方面已取得突破性进展,一旦需要太空机器人上天,很快就能实施。"

图2-1　宇航员登陆月球（艺术画）

第二章　人在月球上

人是开发月球的主角

人类迟早总要到月球上去大干一番的(图2-1)。但是,月球的自然条件很不适合人类生存,人类探测和开发月球的许多工作,尤其是大量的先期工作,必须依靠机器人去做。那么,有没有可能,把所有的工作全部交给机器人去完成呢?

目前,机器人的功能还处在比较低级的阶段,在智力和技能方面尚远远不能与人类相比。如今利用机器人去做的工作,通常只限于一些预先设计好的特定的工作,尤其是重复性的工作;而真正富有创造性的工作,还很难由机器人承担。

但是,随着机器人智力和技能的不断提高,将来会不会有那么一天,机器人就像在一些电影里那样,变得与人类并无二致,甚至真假难分呢?

对于这个问题,存在着不同的观点。一种很流行的观点认为,未

来的机器人全面地具有甚至超越人的智力和技能，是完全可能的，那些电影里的幻想，在将来可以变为现实。不过，也有很多人认为，不管未来的机器人如何高级，只要它仍旧属于机器，那么就总是由人直接或间接地设计、制造出来的。即使将来机器人的自我复制技术变得很完善，其自我复制程序还是要由人来设计。因此，机器人的智力和技能水平，不可能全面超越设计和制造它们的人。

这里有一个困难在于人对于自身的认识——即从生物的角度来看，人的智力和技能是如何产生和实现的，还了解得很不够。人的智力和技能离不开大脑，可是迄今为止，我们对于人的大脑的结构以及工作状况，认识还非常肤浅。其实，人的大脑本身，就是一个有待人们不懈探索的未知世界。

我们再回到人类开发月球的问题上来。既然机器人的能力是有限的，不可能完全代替人的工作，那么，在开发月球的时候，就会有很多工作，必须由人亲自去做。

另外，还有一个技术上的原因。月球离开地球有 384 000 千米。设想把月球机器人的控制室安放在地球上，用无线电向月球机器人发送指令。无线电波以光速每秒 30 万千米行进，从地球到达月球需要 1 秒多钟时间。月球机器人接到指令后，应该向地球发回一个应答信号。地球上收到这个应答信号，离开指令的发出最快也需要 2.5 秒钟。显然，这样一种控制方式，效率是很低的，尤其很难应对月球机器人可能需要紧急处理的一些情况。在月球探测和开发的早期，月球机器人的控制室不得不置于地球上，但以后必须移向月球。作为过渡，在一定时间内，可以把控制室安放在绕月飞行的载人飞船或太空站上，而最终，还是要在月面上建立机器人的控制室，要有人上月球。

飞月、登月和在月球上生活，这是人类自古以来的梦想。"嫦娥奔月"的神话，在中国民间流传至少已经有 2000 多年。在古希腊，2世纪时有人写了一个故事，描述了一艘海船被强大的龙卷风卷到月球上,经历了一次奇特的月球旅行。17世纪,著名的天文学家开普勒(Johannes Kepler),在发表他的行星运动定律的同时,写了一部名为《梦游记》的讲月球旅行的幻想故事。19世纪,法国著名科学幻想小说家儒勒·凡尔纳(Jules Verne)写了名著《从地球到月球》及其续集《环游月球》,更把人类的这种梦想推到极致。如今,人类终于拥有了太空技术,真的可以登上月球了,那还有什么理由不去实现这种美好的理想呢?

那么人类怎样才能登上月球呢?

中国古代的飞天神话,包括嫦娥奔月在内,飞天、奔月的方法都是模仿鸟类飞翔。古希腊人幻想被龙卷风卷到月球上去,龙卷风是地球大气的一种运动现象而从地球到月球,中间相隔着约38万千米没有大气的太空。因此这些奔月、登月的方法实际上是行不通的。儒勒·凡尔纳在他的幻想小说中,用一门巨型大炮,把人装在炮弹中,打到月球上去,但这也是不切实际的。要脱离地球的引力,需要达到每秒11.2千米的速度。任何大炮发射的炮弹,都不可能达到这么高的速度。

中国明朝的万户,第一个试验用火箭去实现飞天梦想,结果为此献出了生命。19世纪末,俄罗斯科学家齐奥尔科夫斯基(Константин Эдуардович Циолковский)首先提出利用反作用装置作为外太空旅行工具的可能性。他把毕生精力投入到人类航天的开创性事业中,在1929年提出用多级火箭来克服地球引力进入太空。他的这一思想奠定了现代航天技术的基础。

美国在20世纪60年代末和70年代初历次"阿波罗号"飞船载着宇航员登月成功,依靠的是强大的"土星5号"火箭。这种大推力三级运载火箭,高达110米,能把48吨重的物体送往月球。

在今后的一个长时期内,采用多级火箭发射航天飞船,仍将是人类进入太空的重要途径。然而,随着航天飞船载重量的增加,运载火箭必须携带的燃料也就跟着成倍增加,其结果是火箭起飞时的推

力也就必须跟着加大,于是不但火箭发动机必须造得更大,消耗的燃料也必须增加得更多。因此,航天飞船载重量增加给火箭研制带来的困难会越来越大,最终会对航天飞船的载重量形成制约,使之不可能一次装载很多人和很多货物。

使用航天飞船作为地球与月球之间常规的运输工具,还有一个问题,那就是飞船及其运载火箭都只能一次性使用。美国的航天飞机可以重复使用,可是这种航天飞机只能在近地空间飞行,不能用于月球飞行。人们已经在考虑飞船的重复使用问题,然而,运载火箭依然只能一次性使用。这是因为多级火箭升空之后,每一级火箭必须在燃料耗尽、发动机停止工作以后自动脱落,后一级火箭才能获得更快的速度。在地月飞行成为人类的常规交通以后,火箭的一次性使用乃是资源的极大浪费。

在大规模开发月球的时代到来之后,人类很可能会采用"三级跳"的方法来建立地月交通。也就是说,首先在地球附近建立太空站,作为人类从地球飞向太空的大型中转站,同时在月球附近建立月球轨道站,作为月球对外交通的中转站。人们使用不同的飞行器,在地球、太空站、月球轨道站、月球之间转换。这样看起来好像麻烦了,却可以节省大量成本。

例如,到那时,人们要到月球上去,可以先使用类似航天飞机那样可重复使用、但较为小型的飞行器,陆续飞到地球太空站上去,在那里组队后,再乘坐大型的航天飞船到月球去。飞船到了月球附近以后,与月球轨道站对接,人员暂时住在月球轨道站中,然后分散乘坐着陆器在月球上着陆。

随着航天技术的发展,将来人们也有可能会抛开火箭和飞船,另辟蹊径,来解决地球与月球之间的交通,"太空电梯"就是其中的一种设想。

太空电梯可以说是人类的又一个千年梦想。在圣经中,古代犹太人领袖摩西(Moses)曾提到有人试图建造一座通往天堂的塔。

1895年，齐奥尔科夫斯基提出在地球同步轨道上建造一座太空城堡，用一根细轴把它与地球相连。1970年，美国物理学家杰罗密·皮阿松(Jerome Pearson)提出太空电梯的概念，随后又用5年时间完善他的理论，正式发表在专门的物理学期刊上。

2003年8月，美国国家宇航局开始评估太空电梯设想。结论非常令人振奋，在50年内就可能开始建造太空电梯。但科学家们后来发觉，这个评估过于乐观了。这项工程要把一座在地球同步轨道上运行的太空站与一座位于地球赤道上至少32千米高的塔用一条超过3.5万千米的缆绳系起来，技术上的难度是空前的(图2-2)。

另外，太空电梯的终点，只能位于地球同步轨道上，它解决的仅是"三级跳"中的第一跳。后面的两跳，还得借助飞船和着陆器。不过，这第一跳是最费力、最费钱、技术上也最困难的一跳，如果能够用太空电梯解决，人类上月球确实将会容易得多。

图2-2　设想中的太空电梯

人在月球上的"住"

月球上,不仅没有空气、没有水,而且由于没有了大气屏障,各种宇宙射线也长驱直入,对人的生命构成严重危害。此外,月球表面的温差变化也非常剧烈。因此,人在月球上居住,必须处于密闭状态,并在其中创造出适合人生活的条件。

在载人登月的早期,每一次只有很少几个人登月,在月球上的活动时间和范围也很有限。美国的"阿波罗"计划,先后有6艘飞船载着宇航员实现了登月。其中,每一艘飞船载3名宇航员,其中只有2人乘坐登月舱在月球上着陆,另一人留在绕月飞行的指令舱中。登月的12名宇航员,在月球上活动的时间合计为80小时,在月球上活动的行程总计约为100千米。对于这样的探月活动,直接把登月舱作为宇航员的居住场所就行了。

然而,要在月球上开展更加全面、深入的探测活动,乃至进行各种开发活动,为大量来到月球上的人创造一个舒适、安全的密闭住所便成了一项急迫的任务。这样的住所,可以称为月球村。

月球村是一个保证人的身体健康的环境控制与生命保障大系统。这个系统中最为重要的一个分系统是提供生活用水和饮食用水的供水系统。月球村还必须有净化系统,对人在其中生活时产生的各种污染物加以净化,清除各种有害物质,维持内部的空气新鲜、场所洁净。

月球上的一昼夜长达地球上的29.5天。如果人们按照这样的昼夜交替安排起居,显然将严重地搅乱人的生物钟。因此,月球村里必须安装人工昼夜控制系统,按照人类的生物钟控制月球村内的光线强弱。

月球的重力只有地球的1/6。人在月球上生活,长期处于低重力状态,会给生理机能带来不利影响,尤其是心脏和血管系统、肌肉和骨骼系统的功能可能会有不同程度的减退。为此,在月球村内,需要配置适当的体育锻炼设施。早期的月球村活动空间有限,只能像在太空站里一样,采用特殊的训练器材和方法进行锻炼,例如使用拉力器、跑步器和原地蹬自行车等。当然,在将来的大型月球村内,建设篮球场甚至足球场,都是可能的。

在太空中进行体育锻炼,既能不断增强人的体质,克服失重和低重力状态对人体的影响,也能增强人们对这种状态的适应能力。1987年,苏联宇航员罗曼年科(Юрий Викторович Романенко)在"和平号"太空站上,每天坚持做操,利用器械进行体育锻炼,在326天的太空生活中,总运动量相当于在地面上跑了1000千米,体重仅减轻了1.6千克,小腿萎缩仅15%。

建设月球村将遇到的一大难题是如何把它建成一个能长期有效运转的独立生态系统。一般情况下,一个人每天大概要消耗4.4千克物质,其中水2.6千克,干食物0.9千克,还要时刻保证氧气的供应。这也就是说,将来在月球上生活的每个人,每年要消耗1600千克物质。在月球大规模开发启动以后,这些物质如果都靠地球上供应,用宇宙飞船运去,那是不可想象的。为了解决这个问题,只有就地取材,利用月球资源,建立独立的生态系统,或者说"月球生物圈"。

因此,在将来大型的月球村内,将大量种植绿色植物,让它们利用人类和动物排出的二氧化碳与水分进行光合作用,释出氧气,并提供人在月球村内生活所需的食物。同时,人类和动物又提供二氧化碳和肥料,这样周而复始,形成月球村内的生态平衡,大量的人在月球上长期生活才有基础。

1991年9月26日到1993年6月26日,美国有4男4女在亚利桑那州沙漠上一个与世完全隔绝的巨大设施内生活了近两年。这个设施称为"生物圈2号",其中引进动物、植物、微生物共3800种,模拟了一个类似于地球生物圈的小生态系统。但是,由于其中的氧气未能很好地循环、含量从21%下降到14%,这一试验最终失败

了。

要在月球上建立独立的生态系统,还有许多复杂的技术问题需要解决,科学家正在继续进行试验。这不但对于开发月球来说具有决定性的意义,而且也是将来开发火星以及人类向太空大规模移民的先决条件。

人在月球上的"衣"

人在月球上,如果仅仅居住在密闭的月球村里,那么衣着可以与在地球上没有什么差别。可是,人到月球上去,目的是探测月球、开发月球,这就决定了人的工作不可能仅仅局限在月球村内。此外,将来开发月球到了比较成熟的阶段,可以开放月球观光、旅游。游客们决不会仅仅满足于在月球村中活动,他们总要走出月球村,去领略月球真正的自然风光。

人只要走出月球村,就像进入太空一样,不仅要面临真空的压力环境、极端的温度环境和无氧的考验,而且还要面临太空陨尘和太空辐射的威胁。在这种情况下,人们就必须像在太空中一样,穿上宇航服(图2-3)。

宇航服要能防护真空、无氧、高温和低温、太阳辐射和微流星体等太空各种环境因素对人体的危害,但又必须使用方便、卫生、防火和美观。宇航服可以说是世界上结构最复杂、技术最先进、价格最昂贵的服装,美国航天飞机宇航员穿的宇航服据说每套价值150万美元。

宇航服一般由密闭服、密封头盔、手套、航天靴、气路和电路管线、压力调节器以及测量仪器等组成。它涉及机械、纺织、化工、测控通信、热、电等众多高技术领域,具有很高的技术密集度。

密闭服通常由内套、密闭套和外套构成。内套由轻型织物制成,内部分布着一系列带孔的弹性导管,供宇航服内通风、降温和供氧之用。内套的外面为密闭套,由浸胶布或橡胶制成。密闭套上装有压力调节器、安全阀、压力表及密封接头,使服装内保持规定的大气环境,保护人免受真空环境的危害。外套由高强度织物制成,并镶嵌了承力调整带,用于承受由内部余压产生的张力,并使宇航服保持必要的外型。借助承力调整带,还可以调整服装尺寸。

宇航服的密闭头盔,不仅能隔音、隔热和防碰撞,而且减震性能好、重量轻。紧贴头盔盔壳里面的是具有隔热和消声作用的通风衬垫,头盔面部的舷窗能提供良好的视野。头盔的盔体上装有锁扣,使盔体与密闭服连接,保证了宇航服上部的密闭性。头盔内的通风软管与宇航服通风套内的软管连接,借此向面罩内输送空气。

宇航服上的手套具有能承力的气密外套,内表面粘贴有织物,但大拇指和其余各指尖处除外,目的是为了保持足够灵敏的触觉。手套外层的手掌部位镶嵌有限胀结构,以防手套由于内部余压而过于胀大。手套借助环形锁扣与袖口连接。航天靴为软质靴,装在宇航

图2-3 人在月球上进行医疗救护活动想象图

服外套上。

宇航服的种类很多,不同的宇航服具有不同的功能,其具体结构上也就有所不同。例如,美国航天飞机宇航员所穿的宇航服,由14层组成,其结构虽然复杂,但穿起来并不困难,一般15分钟左右即可穿戴完毕。

宇航服内的压力有高低之别。高压宇航服内的压力保持地球上海平面的大气压,人穿上后可以直接走出月球村,暴露在月球上自然的真空环境中。但是,这种宇航服由于服装内的压力较高,会使服装变得僵硬,人穿上后手和下肢很难活动。低压宇航服没有这种情况,但人穿上后,在走出月球村之前,必须在专门的减压室内长时间地预吸氧气,逐渐使自己适应低压条件,不然就会发生减压病,造成生命危险。

更全面地来看,人们走出月球村所要穿着的宇航服,是一个极为复杂的保障和支持系统。这种宇航服不仅需要具备独立的生命保障和工作能力,包括极端热环境的防护、人体平衡控制、氧气供应和压力控制、衣服内微环境的通风净化、测控和通信系统、电源系统、视觉防护与保障,而且还需要具备灵活的关节系统,以及在主要系统发生故障情况下的应急救生系统。这样的宇航服,犹如一个小型的载人航天系统,它通常比一个人的体重还要重得多,好在月球上的重力比在地球表面小得多,人穿着这样笨重的衣服仍可以正常地行走(图2-4)。

人在月球上的"食"

这里说的"食"是广义的,不仅是指食物,还包括为维持人的生命所必需的水以及须臾不能离开的氧气。

一个严酷的事实是,在月球上,这三种东西很可能都不会天然存在。唯一有一线机会存在的是水。

月球上到底有没有天然的水?自从人们对月球上的自然条件有

图 2-4 "阿波罗 11 号"宇航员奥尔德林在月球上的身影

了科学的认识以后,这个问题的答案就一直是否定的。

可是,在最近的十来年里出现了一些微妙的变化。1994 年 1 月 25 日,美国国家宇航局发射了一个叫"克莱门汀号"的太空探测器。它于 2 月 19 日进入绕月轨道,开始实施绘制月面图的计划,特别着重于绘制月球两极区域的月面图。

在此之前的那些太空探测器,绕月飞行的轨道都比较靠近月球的赤道,对月球两极区域的探测能力颇受限制。然而,"克莱门汀号"的飞行轨道特别有利于对月球两极区域进行探测。

"克莱门汀号"发回的图像极其清晰。例如,一幅绝佳的图像展

现出了月球南极区域一个最大和最深的盆地，其直径超过2400千米，深达12 800米，可以把地球上的珠穆朗玛峰整个放进去。

1996年12月3日，参与"克莱门汀号"月球探测项目的美国五角大楼非常出人意外地正式宣布，这个太空探测器在月球上一些极区环形山的底部发现了水冰。

然后，在1998年1月6日，美国又发射了"勘探者号"探测器，以继续推进"克莱门汀号"的工作。据称，它在月球的两极都发现了有水冰存在的证据。3月5日，主持"勘探者号"探测任务的科学家宣布，他们估计月球上有100亿升到300亿升冰冻的水存在。

如果月球上真有这么多天然的水存在，那就可以有控制地开采许多年。这些水足够供几千人用上数百年，而且，通过对水的循环利用，能够维持的时间还可以大大延长。同时，氧气也可以通过电解水得到。水又是植物生长的必要条件，有了水，就可以在月球上栽种植物、饲养动物，食物的问题也就可以就地解决。

可是，很多科学家对这些发现表示怀疑。为此，美国国家宇航局决定在"勘探者号"即将寿终正寝之际，有意让它坠入一个极地环形山中，希望能在撞击时飞溅起的岩屑中看到水的痕迹。这次撞击发生在1999年7月31日，但结果是否定的。

现在，对于"克莱门汀号"和"勘探者号"的发现，虽然还不能彻底否定，但是人们恐怕不能对月球上存在天然的水抱太大的希望。在这种情况下，至少在月球探测和开发的早期，水、氧气和食物只能从地球上带去。

为了减少食物运输的成本，运往月球的食物将是尽可能重量轻、体积小、营养好的航天食品。这些食品不含残渣，如骨、刺、皮、核、壳等。航天食品必须能经受住航天特殊环境因素的影响而不致损坏，还必须符合在月球条件下人体生理改变的要求，对其中的营养成分作适当调整。例如，必须提供充足的优质蛋白质，提供充足的钙以及适宜比例的磷和维生素D，脂肪含量不宜太高，限制钠的供给而保证钾的供给等。

在航天飞机、载人飞船和太空站中,宇航员处在失重或微重力条件下,他们所吃的食物不能掉渣,不然掉出的渣会到处飘动,如果被吸入呼吸道,就会对宇航员的健康构成伤害。

人类刚开始上天的时候,曾经以为在太空中不能吃固体食物,那时的宇航员主要食用包在铝管中的肉糜、果酱类食品,吃的时候就像挤牙膏,通过导管用"嘴对嘴"的方式把食品直接挤进口中。后来,人们发现在失重环境中进食和吞咽并没有困难,进食就越来越接近在地面上的方式,食品的种类也不断增加(图2-5)。

在月球上,物体有着相当于地球表面1/6的重力,因此,在月球上食用的食品种类和食用方式,就比太空站中的宇航员更自由和多样化了。

可以预料,在很长的一段时间里,水、氧气和食物的供给将成为人类开发月球活动的一大瓶颈。这个问题不能在月球上就地解决,飞往月球的人数就不可能很多。突破这一瓶颈的唯一途径,只有依靠在月球上建立起封闭而独立的月球生物圈。

月球生物圈的建立不可能一蹴而就。这样的生态系统可以首先

图2-5　宇航员在太空进餐

从水的循环利用做起,这在现在的航天活动中已经初步实现。在长期飞行和多乘员的载人航天器中,装备有复杂的供水和废水处理系统,能将尿液和洗漱等产生的废水回收、处理、反复使用,甚至宇航员呼出的气体和排出的汗液蒸发后形成的水分都要反复净化、循环利用。正因为如此,宇航员在太空中的饮水才可不受限制。

苏联宇航员在"和平号"太空站上曾经进行过种植小麦和蔬菜的试验,但这些种植都还没有构成独立的循环系统。要建立一个完善的可控生态生命保障系统,还有许多问题需要解决。

人在月球上的"行"

月球表面的重力只有地球表面重力的1/6,很多人就会想到,那我在地球上跳1米高,到月球上就可以跳6米高了。这样的想法很浪漫,但实际上,月球表面的低重力,反而会给人的行走和行动带来不少麻烦。

人在其他天体例如月球上的行走,可以归入广义的太空行走。广义的太空行走包括三种情况,另外两种情况都处在失重状态下,即在载人航天器密封舱中的行走和在舱外宇宙空间的行走。

人类第一次太空行走是苏联宇航员列昂诺夫 (Алексей Архипович Леонов)在 1965 年 3 月 18 日实现的。当时他乘坐"上升 2 号"载人飞船,在舱外活动了 20 分钟。在此之前,人们曾误以为宇航员在没有重力的情况下可以随意飘动,毫不费力。事实并非如此。失重使物体之间失去了摩擦力,宇航员的行走和工作都特别困难,连把一件小物体放置在固定的位置上都不易做到。

现在的宇航员常常使用太空载人机动装置,以提高太空行走的效率。这种装置上安装有多个微型的火箭发动机和喷气推进器,宇航员背上它,可利用火箭发动机使自己加速或减速,并能依靠喷气推进器在三维空间随意活动。宇航员只需调节手柄,就能上、下、左、右、前、后移动,以及翻跟斗、旋转、悬停、侧滑、滚动等。

宇航员进入太空以后，可以从事各种复杂的太空作业。例如，1993年12月2日至13日，美国"奋进号"航天飞机上的7名宇航员，为修理"哈勃"太空望远镜，共在太空行走75次，逗留35小时28分钟。他们操纵航大飞机上的机械臂，把"哈勃"拉近货舱并固定后，分两组轮流对它进行修复，更换了11个部件。

苏联宇航员阿夫杰耶夫(Сергей Васильевич Авдеев)谈到他在"和平号"太空站出舱进行太空行走时发生的一件轶事。当时，他去更换一部仪器，一个螺帽怎么也拧不下来，他掏出随身带的各种扳子都试一下，每试完一种扳子，本来都应该随即把它放回工具袋内扣好。他为了节省时间，没有这样做，就松开手，让扳子在手旁飘荡。结果，他不小心碰到了其中一个扳子，它便渐渐远离了他。"我想抓到它，但它越飘越远。我一边用手去够扳子，一边逐渐把身上的连接太空站的绳索放长，不知不觉间，已经放到了尽头。此时，一种极端的恐惧感油然而生。我想到，如果绳索断了，接下来就是死亡……老天保佑，幸亏绳子没有断。"

当然，在月球上行走，并非完全处于失重状态。登月第一人阿姆斯特朗在踏上月球表面以后，步行大约5米远去采集月球土壤和岩石标本。他穿着宇航服，但并没有背太空载人机动装置。采集好标本之后，他把用于采集的一个把手抛了出去。他告诉人们："你在这里可以把东西抛得又高又远！"

阿姆斯特朗的同事奥尔德林(Buzz Aldrin)从悬梯下到月面后，曾试图跳回去，可是第一次失败了。悬梯的最后一级离开月面并不很高，奥尔德林还不习惯月球的低重力才让他遭到了失败。他作了调整，又第二次试跳，获得圆满成功。

可以想象，如果一个没有经过专门训练的人，到了月球上，进入月球村内，脱去了宇航服，如果他不是步步小心谨慎，而是因为身体一下子变得轻盈了就欢喜雀跃，那必将会四处碰壁、频频闯祸的。

"阿波罗11号"和"阿波罗12号"的宇航员登月以后，活动范围

被限制在500米以内。这是考虑到万一他们背负的便携式生命保障系统发生故障,他们能够在规定的安全时间内及时返回登月舱。如果他们能够以车代步,活动范围就可以扩大许多。

"阿波罗14号"的宇航员带去了一辆小手推车,它能携带更多的工具和带回更多的月球岩石标本,但不能起到代步作用。"阿波罗15号"的宇航员们带去了一辆可驾驶的月球车。这种月球车与无人驾驶的月球车不同,它是宇航员的代步工具。在这种月球车上,还有独立的通信系统,可直接与地球通信。

后来的"阿波罗16号"和"阿波罗17号"登月时,都使用了这样的月球车,使宇航员在月面的行走速度得以提高。而且,在月球车上可以安装备用的第二套生命保障系统,因此,宇航员的活动范围大为扩大。"阿波罗17号"的宇航员,在月面行走的最远距离达到了7千米开外(图2-6)。

未来,人类在月球探测和开发活动中,将会对月球车不断作出改进,研制出各种不同用途的新颖月球车。随着一个个月球村的建立,在各"村"之间还将开通越来越多的公交线路……

图2-6　"阿波罗17号"的宇航员正开着月球车在月面上进行科研活动

怎样的人能上月球

只要人们飞往月球还得借助运载火箭及发射宇宙飞船,那么就只有宇航员才能上月球。宇航员要承受种种恶劣环境的考验。载人航天器在威力巨大的火箭推动下腾空而起的一刹那,作用在他们身上的重力将高达平时的 6 倍到 10 倍。一般人在重力达到 5.5 倍时会两眼发黑,7 倍时最多只能忍耐 30 秒钟。随后,宇航员到了太空中,载人航天器依靠惯性飞行,他们又会进入失重状态,时间长了,会头部充血、血压改变。另外,宇航员长时间局限在狭小的空间里,很容易身体困乏,感到寂寞、孤独,甚至产生恐惧感。因此,宇航员必须具有异于常人的强健身体和良好的心理素质。

挑选宇航员时的身体考核,通常参照航空飞行员的标准。除外科、内科、神经科、精神科、眼科和耳鼻喉科等临床各科以外,还要做航天医学特定的检查,如离心机试验、低压舱试验等。宇航员的心理素质包括感觉判断、反应速度、控制能力等方面。在评定宇航员的心理素质时,通常通过个别交谈、口头问答和旁敲侧击等方式,了解他们的个性、智能、气质等,选出合格者。

宇航员必须完全熟悉载人航天器内犹如蛛网般的仪器、仪表、手柄、开关、管道、线路等,了解它们的作用和原理。他们还必须对航天器的飞行控制、飞行轨道、动力等至关重要的知识了如指掌,并能运用自如。因此,宇航员必须具备相当高的文化水准。

宇航员从事太空实验、航天器维修等任务,应有深厚的专业知识,应该是这方面的专家。月球上丰富的资源正等待人们去挖掘和利用,开发和移居月球的计划将有许多具体问题需在月球上就地处理和攻克,未来登月的宇航员(图 2-7)中也应有各方面的专家。

载人航天和月球开发是一项充满风险的事业,不论在太空飞行中,还是在月球上,甚至在地面训练中,都可能会有预想不到的事故发生。因此,宇航员除了必须具备以上种种条件以外,更重要的,还

图2-7　中国航天员登上月球的想象图

一定要具有献身精神。

　　万里挑一选出的宇航员,还要接受严格的训练。

　　首先是载人航天知识训练。载人航天知识包罗万象,宇航员必须强化学习,掌握这些知识。同时,他们还要接受体质训练。这是伴随宇航员全部生活的锻炼项目,不管是在进入太空之前还是在到达月球(图2-8)之后,都要进行这种锻炼。

　　宇航员在进入太空之前进行的体质训练称为地面训练,主要进行体力、负重及运动综合协调能力的训练,训练项目有负重竞走、长跑、仰卧起坐、游泳等运动,也进行球类运动和长途行军等,还依靠体育器械进行特殊的体质训练,如利用秋千、旋梯、弹跳网、转椅、转轮等。

　　为了使宇航员进入太空以后能适应那里的特殊环境,在地面上就要模拟各种类似的环境。宇航员上天之前,必须在地面上专门进行失重适应性训练,在人工制造的失重环境中完成各种动作,如喝水、吃饭、操纵仪器和设备等。宇航员接受超重环境耐力训练,除了可以提高抗超重能力之外,还可以训练他们在超重情况下的航天操作技术。

　　宇航员正式飞向太空之前，还需集中时间在专用的地面飞行模拟器中针对特定的航天器和航天任务作适应性训练。在模拟飞行器中，内部场景、设备、声音以及光、电信号等都与真实的飞行器基本相同，舱内也是低气压，唯一不同的是没有处于失重状态。这种模拟训练按照真实的飞行计划程序进行，如飞船发射、绕地飞行、变轨、指挥舱分离、登月舱着陆……返回地球。这种模拟飞行器训练是宇航员的"战前练兵"，是对宇航员平素训练的一次考核和总结，是保证航天飞行安全的一次重要试飞。

　　在21世纪的头30年中，预期会有好几个国家的宇航员登上月球(图2-9)。随着人类开发月球事业的发展以及航天新技术的实现，将来总有一天，地球与月球之间的交通问题会得到更好的解决，到那时，飞往月球就不只是少数宇航员的事情，任何健康的人，不再会受到什么限制，也不必接受什么专门的训练，只要在电子票务网上点

图2-8　中国航天员在月球上乘坐月球车进行考察活动的想象图

击一下，就能把前往月球的座位搞定，像我们今天坐飞机去欧洲旅游一样到月球上去走一遭。

人类的一半是女性，开发月球当然应该有女性共同参与。人类几十年来的航天活动证明，女性在太空中，像在陆地上一样，一点也不亚于男性。全世界迄今进入过太空的宇航员共有400多名，其中女性有近50名。

目前，女宇航员最多的是美国。早在1961年，美国国家宇航局就征召了人类历史上第一批女宇航员，由于当时美国正在实施把宇航员送上太空的"水星计划"，她们被称为"水星13女杰"。她们希望进入太空的心情十分迫切，而且她们知道自己必须尽可能胜过别人，必须做得最好，而且她们确实做到了。

1960年2月，美国国家宇航局的航空医学专家对25名被选中的女飞行员按照"理想宇航员"的条件进行身体和心理测试。这项测试历时1周，包括87项相互独立的淘汰性测试项目。第一个通过这些测试的科布（Jerrie Cobb）从12岁起就开始飞行，到接受测试时累计飞行时间已经达到1万小时。科布之后的芬克（Wally Funk），

图 2-9 中国航天员在月球上竖起国旗的想象图

在隔离舱测试中战胜了其他女性和所有男性候选人,在一个密闭房间中 2 米多深的水中漂浮了 10 个半小时,而感觉能力没有受到任何影响。

这 25 名女宇航员候选人中有 13 人通过了所有测试项目(图 2-10)。她们以为,自己通过了测试就会成为一名宇航员,就会被送上天。她们知道人类航天活动刚刚开始,存在巨大的风险,但是她们觉得为自己信仰的事业献身总比碌碌无为地死去要好。她们一点都不知道,美国尚未做好准备让女宇航员进入太空。

图 2-10 美国 "水星 13 女杰" 之一科布在 "水星" 太空飞船旁

美国国家宇航局从来没有真正讨论过让她们参加航天计划的事宜,他们担心如果女宇航员在执行任务中丧生会对整个航天计划产生不利的政治影响。结果,苏联人捷列什科娃(Валентина Владимировна Терешкова)成了第一位进入太空的女性。

与"水星 13 女杰"完全不同,捷列什科娃不仅没有驾驶过喷气式飞机,她甚至不是一位拥有飞行执照的飞行员,而是一个纺织女工和跳伞运动员(图 2-11)。她从 1962 年起接受宇航员培训,时年 25 岁。1963 年 6 月 16 日,她乘坐"东方 6 号"宇宙飞船升空,在太空中绕地球飞行 48 圈,历时 70 小时多。38 年后,捷列什科娃回忆起这次太空飞行,说:"太空工作是在失重条件下进行的,十分复杂而紧张。太空不会优待妇女,她们的工作条件与男性完全一样。"

图2-11　第一位进入太空的女性——苏联女宇航员捷列什科娃

1983年,在捷列什科娃成功地绕地球飞行20年之后,赖德(Sally Kristen Ride)成为第一个进入太空的美国女宇航员。现在,美国已有46名飞入过太空的女宇航员,她们表现得非常出色。美国国家宇航局中有25%的宇航员和近1/3的工作人员是受过良好训练的妇女,拒绝对女性敞开某种职业的大门显然是错误的。

然而,尽管第一位进入太空的女性是苏联人,迄今上过天的苏联和俄罗斯的女宇航员却只有3名。除了捷列什科娃以外,萨维茨卡娅(Светлана Евгеньевна Савицкая)是第一个完成太空行走的女宇航员。1984年7月25日,她与扎尼别科夫(Владимир Александрович Джанибеков)一起走出"礼炮7号"轨道站舱外,目的是进行试验性焊接工艺操作。他们在太空作业了3小时39分钟,具体操作都由萨维茨卡娅完成,她在这一过程中体重减轻了3千克,可见太空行走之艰辛。

美国女宇航员柯林斯(Eileen Marie Collins)是美国航天史上第一个女性航天飞机驾驶员,也是太空飞行史上第一个女性航天飞机机长。1999年,42岁的柯林斯第三次进入太空时,美国国家宇航局对她作出了这项任命。6年后,美国航天飞机在因"哥伦比亚号"失事停飞两年多以后,"发现号"首先复飞,柯林斯再次担任机长。她说:"我想要人们知道的最重要的事情是,这次任务是建设太空站的必要准备,最终将有助于人类重返月球乃至登上火星。"

美国科学家的最新研究表明,与男性相比,女性更适合进行长距离的太空旅行。英国国家太空中心的航天专家理查森(Jill Richardson)也表示,其实与男性相比,在太空飞行方面,女性的优势更加明显:"她们体重轻,更有效率,需要更少的热量,产生更少的废物。由于雌激素的原因,她们在飞行过程中更不容易发生心脏病。"

　　然而,与男宇航员相比,进入太空的女宇航员的人数还是非常少。是复杂的社会因素阻碍了女性进入太空的步伐。很明显,在未来的人类开发月球的活动中,完全应该让女性在太空飞行方面的优势得到充分发挥。

　　女航天员的培养,在中国也颇受重视。中国航天员科研训练中心副主任、中国首位进入太空的航天员杨利伟说,中国女性进行太空飞行肯定没有问题,一些预研工作已经在做,很多女大学生志愿者都参与了这项工作。可以相信,在未来登月的中国航天员中,也将会有女航天员的身影。

从旅游到移民

　　今天,太空的大门已经向人类打开,这大大激发了人们到太空旅游的欲望。2001 年 5 月,年过六旬的美国富翁蒂托(Dennis Tito)乘坐俄罗斯"联盟—TM32 号"宇宙飞船进入国际空间站遨游太空 8 天。第二年,28 岁的南非商人沙特尔沃思 (Mark Richard Republic Shuttleworth)也在俄罗斯的帮助下登上国际空间站,实现了遨游太空的梦想。这标志着"普通人"——并非经过专门选拔和培训的宇航员——进入太空旅游的时代正在到来。

　　早在 1961 年 4 月 12 日,苏联宇航员加加林乘"东方号"飞船在人类历史上第一次航天成功后,人们便认为到月球上去旅游的日子已为期不远,有人甚至找有关部门联系预订飞往月球的机票。 第一位这样做的是奥地利记者皮斯特(Gerhardt Piester)。1964 年,他向维也纳的一家旅行社提出,要求在飞往月球的第一架飞机上为他预订一个座位。旅行社的服务员收了他 500 奥地利先令(按当时汇

率 1 奥地利先令约合 0.04 美元)的手续费,并把他的要求转告了泛美航空公司和苏联民航局。1969 年 7 月 21 日,"阿波罗 11 号"登上月球之后,到泛美航空公司预订去月球机票的人数急剧增加,共有包括美国在内 90 多个国家的约 9.3 万人。泛美航空公司发言人当时说,订票名单已经存档,航班开始正常运营时再取出。

这些人把月球旅游看得太容易了。蒂托为他的太空旅游向俄罗斯支付了 2000 万美元的旅行费和 100 万美元的培训费,沙特尔沃思同样也为此支付了巨款,这远非"普通人"所能承担,更何况去月球旅游的花费还需翻很多番。

据报道,俄罗斯"能源"火箭航天集团在 2005 年向俄联邦航天署提出了利用"联盟号"载人飞船开发月球旅游的计划。"能源"集团新任总裁谢瓦斯季亚诺夫(Николай Николаевич Севастьянов)说,该集团在收到旅游费后 1 年半到 2 年的时间里可以实现月球旅游。按照构想,月球旅游所需的"联盟 TMA"系列飞船将自拜科努尔发射场发射,整个旅游时间为 2 周。游客搭乘"联盟号"飞船升空后,将首先前往国际空间站停留 1 周,然后再乘坐"联盟号"飞船前往月球,1 周后直接从月球返回地面。预计,参加月球旅游的每位游客将需支付 1 亿美元。

月球是太空中离开地球最近而且旅游资源相当丰富的星球,那里不仅有各种各样的神话传说可开发为旅游项目,而且还有许多特殊的环境可能成为颇具吸引力的旅游卖点。因此,确实有一些旅游公司正打算把月球建设成为太空旅游胜地。专家们曾估计,到 2035 年,月球各处可能会建立起各种各样的度假村和参观点(图 2-12)。这些估计在时间上可能过于乐观了一些,但明确地表露了人们想要早日实现月球旅游的殷切愿望。

实现月球旅游,首先要解决交通工具问题。未来供普通人去月球的交通工具,必须安全、舒适,同时要有很高的运输效率,在经济上能够为较多的人所承受。

图2-12 荷兰建筑师汉斯-居尔根·罗姆堡特
（Hans-Jurgen Rombaut）设计的月球旅馆

　　为此,需要研制能够单级入轨的可重复使用的航天飞机。这种航天飞机水平起飞、水平降落,进入轨道的飞行分为两个阶段,第一阶段使用喷气发动机起飞,上升到9千米,然后停用喷气发动机,启动火箭发动机,开始第二阶段飞行,使之继续上升。这种航天飞机的座位可达50个。据称,乘坐这种航天飞机无须经过任何训练,就像乘普通飞机一样方便,每位旅客的费用约为1万美元。

　　上述航天飞机只能飞往地球上空几百千米高的空间站。在那里,旅客将进入乘客运输舱,它是去月球途中的中转站。乘客运输舱然后与空间站分离,与已加足燃料在安全距离外等候的去月球的航天飞机对接。接着,去月球的航天飞机发动机点火,进一步爬高,脱离近地轨道。

　　去月球的航天飞机可以采用核火箭发动机推动。它的主要组成部分包括一座核裂变反应堆和使推进剂受热膨胀加速的喷管,推进剂使用液态氢,因此还需有液氢供给系统和贮存箱。专家们还提出了用液态氧增强这种核火箭的动力,即当被核反应堆加热的氢从喷

管喉部喷出时,与氧在喷管的扩散段自发燃烧,增加发动机的推力。

月球上的矿物中含有丰富的氧,飞向月球的液氧增强型核火箭推动的航天飞机,可以利用月球氧做推进剂。航天飞机到达近月轨道,乘客运输舱与之分离,与等在那里的月球着陆器对接,将乘客送到月球表面,与月球基地的密封舱会合,最终到达目的地。

与乘客运输舱分离后的航天飞机,在近月轨道上与推进剂补给站对接,加注满月球氧。乘坐乘客运输舱从月球返回地球的乘客,即可循着与上述相反的顺序,由航天飞机送回来。这样的地月交通系统,所有的交通工具都可重复使用,而且只有液氢需从地球带去,因此其成本可比现在的载人登月飞船大大降低,从而使得月球旅游真正变得可行。

方便、舒适、高效的地月交通工具的出现,是开展月球旅游的先决条件。但是,仅仅有这个条件还不够,如果能够在月球上就地取材,制造氧气、水和食物,就能够使月球旅游更加切实可行。

前面已经讲过,从月球矿物中可以提炼氧。同时,月球土壤中含有氢。把月球土壤中的氢也提炼出来,与氧化合以后就可以得到水。在封闭的月球村中,有了氧气和水,就可以种植植物,饲养动物,解决食物问题。当然,这样做的代价仍然很高,因此在月球村里,必须建立生态循环系统,使氧气和水能够通过生命活动再生,反复使用。

开展月球旅游问题解决了,有一部分人就会爱上月球,也许就会在月球上定居下来。当然,最早在月球上定居的,很可能是那些参与月球开发的科学家和工程师。然后,就会有更多参与月球开发的各行各业的人员在月球上定居(图2-13)。

那么,在遥远的未来,会不会有大批的人向月球移民,从而把月球变成我们人类的第二家园,甚至用月球取代人类栖居的地球呢?

人类在什么情况下才需要向地球外大规模移民?这有两种可能。一种可能是地球上人口数量不断增加,超出了地球的承受能力,致使地球资源枯竭、生态恶化。另一种可能是地球的自然条件发生

图2-13　人类在月球上的考察活动蓬勃开展想象图

不可抗拒的变化,变得不再适合人类生存。

　　如果人类不能理性地应对人口恶性增加,严格控制自身的繁衍,那么,也许不需要100年、200年第一种情况就会出现。那时候,能不能向月球大规模移民来解决问题呢? 可以说,肯定不能。

　　首先,在这种情况下,人类通过提高生产力增加的社会财富,会被人口的增加完全抵消,平均每个人所占有的社会财富很可能不但没有增加,而且会日益减少。到那时候,即使向月球移民在技术上已经没有多大困难,人类却没有多少财富能这样做了。

　　其次,假定那时候人类还有能力大规模向月球移民,那么月球又能养活多少人呢? 全封闭的月球村,只能接纳很有限的人在里面生活,否则,必然会造成其中的生态恶化,生态链断裂,最终导致月球村毁灭。其实,如果人类真有本事在月球上建设一个比地球更适合居住的乐园,那为什么就没有本事把地球自身搞好呢? 这一逻辑上的悖论,不仅适用于月球,也适用于向其他星球例如向火星的大

移民。现实的态度应该是,珍惜地球,爱护地球,尊重大自然,把人类自身的生产和生活消耗限制在自然界能够容忍的范围之内。

还有第二种可能,即地球自然条件自身发生变化,以致不再适合人类生存。这种可能性是存在的,最明显的威胁就是太阳辐射能量的变化。太阳辐射的能量不管是过多还是过少,都会危及人类的生存。太阳依靠内部的热核反应提供能量,现在太阳正处在热核反应相当稳定的阶段,辐射能量的变化总的来说极其微小,但随着时间的推进,还是会逐渐增加,几十亿年后,可达到现在的两倍左右。

据估计,大约30亿年后,地球上的温度就可能因为太阳辐射能量的增加而升高到使海水全部蒸发的程度。显然,远在还没有到这个地步的时候,地球上的人类就很难再生存下去了。那时人类就必须全体外迁,但决不是去月球。月球离开地球太近了,不能解决问题。一个可供选择的去处可能是火星,那时候火星上的温度可能已经变得比较适合人类生存。当然,人类在去火星的时候,可以把月球当作太空飞行的一个中转站。

再进一步,大约50亿年后,太阳内部的热核反应将进入一个不稳定的时期,太阳会急剧膨胀,可能把地球吞没;或者即使不吞没,太阳的表面也已经离开地球很近。这时人类即便在火星上也很难生存,很可能要迁往木星或土星的卫星上去。这些卫星现在都是零下一二百摄氏度的冰冻世界,那时却已变得气候宜人。

再往后,太阳内部的热核反应将最终停止。太阳没有了核反应提供的能量,将剧烈收缩,变得只有地球这么大,其中物质的密度却可高达现在地球上水的密度的100万倍,从而成为一颗"白矮星"。那时候,在整个太阳系内不再能找到一个地方可供人类生存,人类将不得不向别的恒星周围的行星迁移。

总的说来,这种由于地球自身自然条件发生不可逆的恶变,人类不得不大规模向外星球移民,是少则数亿年、多则几十亿年以后的事情,离我们实在太遥远了。就人类向月球大规模移民的目的来说,并不是为了把月球作为地球的替代品,而是要利用月球的各种资源,把人类的地球家园建设得更美好。

图3-1　建设月球开发基地想象图

第三章　月球开发基地

月球开发的五个阶段

2002年，美国拍摄了一部名为《布鲁托·纳什历险记》(*The Adventures of Pluto Nash*) 的电影。编导们仿照美国西部的开发历程，虚构了一部月球的开拓史。电影中称，2010 年人们在月球上发现了一种特殊的矿藏，一股新的"淘金热"随之兴起。两年后，人们在月球上建立了第一个矿藏开采点。在接下来的 50 年内，新的开采点不断建立，大量的地球人迁往月球，并逐渐形成了新的一代土生土长的月球人。到了 2087 年，月球上的各种资源被开采得差不多了，"淘金热"退潮，月球重新变得荒凉和平静。

这一类所谓科幻电影，大多很有票房号召力。但是真从科学的角度去审视,几乎都是在误导公众。就以月球开发来说,人类确实已经提出很多开发计划,可是像上述电影中的情景,恐怕在百年之内不会看到。

太空和月球的开发(图3-1),是一项需要耗费大量人力、物力和财力的工作。据称,为了建设国际空间站,单美国花的钱就已经跟打一次越南战争一样多。

美国总统布什(George Walker Bush)在2004年1月14日宣布了美国政府新的雄心勃勃的太空计划。布什称,美国宇航员最早将于2015年、最晚不超过2020年重返月球,并且在月球上建立永久性常驻基地,为下一步将人送上火星甚至更远的星球做准备。为此,美国政府在未来5年将为美国国家宇航局划拨预算860亿美元,通过对这笔预算进行重新分配,可以为实施上述新目标提供约110亿美元资金。

布什为这一宏大计划准备的预算,实际上是根本不够的。美国的"阿波罗"号登月计划,花了将近300亿美元。由于通货膨胀,这些钱放在现在要值2000多亿美元。20世纪80年代,里根(Ronald Wilson Reagan)总统提出在10年内建成空间站,可是至今花了两倍以上时间和上千亿美元,还没有建成。布什现在提出要重返月球、建立定居点,从设计、制造新的登月飞船,发射月球勘探卫星,勘测基地建设地点,直到实施基地建设,所需费用可能超过上万亿美元。

美国国家宇航局2005年7月透露,美国计划在2018年把4名宇航员送上月球。2007年4月,美国国家宇航局局长格里芬(Michael D. Griffin)又表示,美国再度登月的时间将为2019年,与人类首次登月刚好相隔50年。至于实际进度又将如何,世人就需拭目以待了。如果一切顺利,美国还将开展"常规"登月计划,每年至少到月球上"做客"两次。这项计划继续下去,到2025年它将耗去美国2170亿美元的巨额费用。

1994年,欧洲空间局曾制定一个月球开发和利用的长期计划,

其目标有四个,即研制月球探测器、研制在月球基地长期工作的机器人、月球资源利用的第一阶段和在月球上建立人类前哨基地。这一计划分四个阶段,第一阶段主要围绕建造和发射无人的月球轨道器、着陆器和月球漫游车,以获取月球表面的知识细节;第二阶段将在第一阶段的基础上,加快地面操作系统和月球工作系统之间的协调,如地理考察;第三阶段调研利用月球当地的材料进行现场制作,如氧的生产和科学应用;第四阶段,人类返回月球。

1998年10月,俄罗斯制定出新的月球开发计划,以探寻月球上的水资源,开发月球上极为丰富的核燃料氦3。根据这项计划,俄将发射一个小型月球轨道站,再从轨道站向月球发射各种探测仪器,其中包括10个可探入月球表面的穿透探测器、两个地震探测仪和月球南极水源探测仪。俄罗斯计划在2010年后建立月球基地,研究月球采矿工艺。

日本1996年修订了它的空间开发计划,声称将系统地进行不载人的月球探测,包括研制月球轨道器、月球着陆车,一旦时间、条件成熟,准备在月球上建立天文站。

2004年11月22日至26日, 第六届 "月球探测与应用国际会议" 在印度乌代普尔召开。出席这次大会的有来自印度、中国、英国、美国、澳大利亚、俄罗斯、日本等17个国家的200多名代表。会上世界各地的国际空间项目代表、科学家、工程技术人员、天文学家、企业家、教育家和一些热心于月球开发的工作者齐聚一堂,就如何达成发展共识、加强国际合作、制定一个长期合理的月球开发计划进行了热烈研讨。会议推出了一份《新月宣言》,它将成为各国间"21世纪月球探索" 的合作行动计划书。《新月宣言》声称,人类将于2010年后在月球上建立基地与永久性居住地,2020年开始兴建实验工厂和农场等,预计于2024年会在月球上建立月球村。

人类为什么要开发太空?美国的《太空》杂志曾经给出了人类开发太空的10个理由:保障人类未来的生活、开辟新的活动领域、寻找新的能源、在月球上建立工业基地、更清楚更广远地观察宇宙、寻找外星智能生命、采矿、在月球上认识宇宙历史、寻找更适合人类生活的环境、迎接新的挑战。开发月球,在月球上建立基地,乃是人类实现这些目标的关键性一步(图3-2)。

月球的引力小、没有空气、没有细菌、磁场小、温差大、昼夜交替的周期长,这种独特的环境,特殊的地质条件,以及富含稀有资源等,使得月球尽管自然条件严酷,但还是成为强烈地吸引着人们的地方。

月球很大,表面积相当于非洲和澳洲的面积之和。它是离开人类最近的一颗外星球,犹如一个巨大的天然空间站。月球的整个表面都没有水,没有云雾和水蒸气,没有大气阻挡,视野极为开阔,而且在白天没有散射光,只要稍稍偏离太阳所在的方向,天空就是完全黑暗的,因此极其适合进行天文观测。

月球表面覆盖着厚厚的土壤,土壤下温度相对恒定,不受表面剧烈冷热变化的影响。月球的土壤下没有地下水,地下的温度不会像地球上那样随深度增加而明显上升,非常适合在地下挖洞建站。

图 3-2　建造月球基地场景想象图

月球上没有风、霜、雨、雪，也没有氧气。如果人们把一个物体放在月面上，它不会生锈、不会腐烂，会不变地躺在那里几十年、几百年，甚至几千年。人们在月球上建立的基地设施，一旦建成，就可以永久存在。除非恰好有一颗陨石击中它，否则它决不会毁坏。

但是，月球是真正的不毛之地。即使是建立一个无人基地，所用的原材料和机器人也必须首先送往月球。估计为建造一个适合人类居住的月球基地，必须由航天飞机在地月间至少往返30次，才能把足够的材料运到月球。

因此，月球基地的建设，只能遵循先机器人后人类、先短期后长期、先个别站点再逐步发展这样的次序，按部就班，分阶段进行。

第一阶段，为无人阶段，机器人将成为开路先锋。这些机器人具有自我修复能力，可以定期地对零部件进行修理、更换或重复利用。它们或是完全自主地工作，或由地球上的人员遥控操纵，完成首批月球居民到来前的各项准备工作。

第二阶段，为短期滞留阶段，将有少量人员在月球上工作几天到几周。他们所需的氧气、食物、水以及生活用品、建筑材料、科研仪器、生产设备等，将从地球上运去。他们将对月球进行地质、地理研究，测定月球岩石中铁、铝和氦的含量，开展科学实验和各种加工装置的试验性应用，进行制氧试验等。他们将在月球上建立起简单的生活、居住和研究区，装备加压舱、发电设备、生活必需设施和月球车等，成为人类开发月球的前哨站。

第三阶段，为经常居住阶段，基地将扩大，人员将增多。由于封闭型生态系统的建立，数十名人员可在月球上连续工作几个月，原来的前哨站逐步发展成了一个初级基地。他们将制造氧气、提炼水、冶炼金属、勘探和开发月球资源，进行材料加工、火箭燃料生产、机器制造等活动，并研究如何把月球的资源运回地球。

第四阶段，为永久居住阶段，这时工作人员将增加到上百人，包括中国在内的各个国家将携手在月球上建立一个像南极科考站那样的永久型科研站和生活区。这个基地同时也是一个天文台和生产基地。他们在这个基地内开展科学研究、技术试验、矿产开发、材料加工等工作,建设月球农场和工厂,开发利用月球的资源和能源并把它们送回地球。各国科学家在月球上过着比以前舒服得多的日子,彼此亲如一家,有时还会举行娱乐活动,畅叙人类共同开发太空的宏大理想和深厚友谊。

第五阶段,为全面开发阶段。这时月球和地球之间将建成定期往返的航线,月球居民将完全能做到自给自足。人们将在月球上铺设道路,发展交通,建设起一座座可居住数百人的月球村,建成具有高度自给能力的月球居民区,还有供人们旅游和观光暂住的月球旅馆。月球和地球之间将设有定期往返的航线,这两个星球上将出现一个在政治、经济、科研上连成一体的新型社会(图3-3)。

不少人曾经提出过这五个阶段的实施时间表,后来又不断地修改,一次次地推迟。它不但依赖于今后各航天大国能在月球开发方面有多大投入,还取决于科学技术实际的发展是否能够顺利地解决在这一征程中必然会遇到的一个个难题。

就地取材兴建月球村

建造月球基地,首先遇到的一大难题是建筑材料的运输。当然,至少在月球开发的第一阶段和第二阶段,这些建筑材料是必须从地球上运去的,代价是非常高昂的。因此,为了大规模地开发月球,在月球上建造更多的月球基地,利用月球当地的原料作为建筑材料,是十分必要的。

月球的土壤中含有丰富的铝和铁,而且易于用采矿机械开采。因此,未来月球基地的主要建筑材料很可能是用铝或铁制成的。月球的风化层是很不错的隔热材料,这种材料还可以用来屏蔽有害的宇宙射线。随着月球上的加工制造技术的逐步发展,一座座建筑材料的加工厂将建立起来。

图3-3　未来的月球基地

　　月球上开采出来的金属矿将送进冶金炉内提炼,它们很可能会建在月球南极区域的一个环形山附近。这是因为炼矿需要使用大量的能源,在月球的南极附近有很长的极昼,可以源源不断地获得太阳光的能量。月球土壤中含有丰富的硅,而硅是制造太阳能电池板所必需的材料。因此,月球上的太阳能电池板也可以就地取材和制造。

　　月球没有大气层,必须采取措施保护月球基地内的人员不受太阳辐射的伤害。一种神奇的新材料"气凝胶"非常适合这一用途。气凝胶是地球上最轻的固体,密度仅为 3 毫克/厘米³, 只比空气重 3倍,所以又被称为"冻结了的烟",但它能支撑起比自身重 4000 倍的物质。它还有强大的隔热功能,而且折射率、热传导系数和传播速度都很低。气凝胶主要由纯二氧化硅等组成,也可以在月球上就地取材制造。在无空气的月球上,气凝胶不会带气孔,可以制成像玻璃那样透明。

月球表面很可能不存在游离态的水，但是月岩中存在处于化合状态的水。研究人员曾把"阿波罗"宇航员带回的小块月岩样品在氢存在的条件下加热到1050℃，原来在常温下呈灰黑色的月岩和月尘先是变成浅色，然后开始冒气。这时氢与月岩中的氧结合，形成水蒸气。一部分水蒸气通过冷却变成水，从另一部分水蒸气中则可提取氧，并重新获得处理其他岩石所需的氢。

月球基地建在哪里？各国科学家已经对这个问题作过详细的分析。在地球上，发射和回收航天飞行器的最佳地点是赤道地区。根据以前的探测，登陆月球的最佳着陆点也都在赤道附近。美国在30多年前执行"阿波罗"计划时，6艘登月飞船在月球上的着陆地点，都是按照上述原则选择的。在月球开发的第一阶段和第二阶段，人们建造临时性月球基地多半也会选在这里。

以"阿波罗11号"的着陆场选择为例，首先，飞行动力学工作组强调指出，着陆场一般应该选择在月球中央子午线的东部，这样可以为西部的一个或两个备用着陆场留出空间，以便在发射时间突然改变，要延迟几天的情况下启用。把着陆场选在东部，还因为登月舱是从东方飞进来的，必须在太阳刚刚升起的时候降落到着陆场，这样阳光才能投射出足够多的阴影来揭示月面的地形。

其次，着陆场必须选择在月球赤道两侧纬度5度以内的窄条地带。这样，可以使用较少的推进剂进入有效的轨道。要搞好第一次着陆，节约燃料要放在重要地位。此外，着陆场要平坦，以便减少在降落的关键阶段为躲避障碍物进行机动飞行所作的消耗。所有这一切集中到一点，就是要把首次着陆地点选在月球中央子午线以东赤道附近的一个月海区域。其结果，"阿波罗11号"的着陆场选定在静海。

后来的几艘"阿波罗"飞船，登月舱的着陆地点选择条件适当放宽，以便满足着陆后在月球上完成特定的科学考察任务的需要。

可是,要在月球上建立永久性的生产、生活基地,要求就与上述的完全不同了。这时,人们首先考虑的是要有生产太阳能所需的充足阳光,另外,月球上昼夜温差极大,基地所处的位置最好尽可能少受这方面的影响,月球的两极地区满足这些条件。此外,在两极地区的环形山中究竟有没有水冰,这也吸引着人们。如果那里真的有水存在,无疑能给人们的生活提供极大的方便。

可以设想,各国人员在登陆月球以后,会首先在赤道地带建起简易的着陆场和发射场,然后挥师两极,在那里建立开发中心,建立一个个科研、生活基地。两极的基地与赤道的着陆场和发射场之间,则由定期的交通工具把它们结合成一个整体(图3-4)。

月球的条件太严酷,人类要想在月球上生存,必须建立密封的基地。

按照现有的技术条件,为月球上小规模的基地提供密封条件,维护整个生命系统还比较容易。人类可以先在月球上建立一批可进行科学研究、科学观测、生产特殊产品、开发月球资源的基地,仅派

图3-4　月球开发一景

少量科学家、技术人员在上面阶段性地开展工作,常规性的大部分工作只能交给机器人去做。

随着科学技术的发展,也许在50年或者80年之后,地球与月球之间的往来会变得非常方便。到那时,人类可以在月球上建起比较大型的基地,修建可作为深空飞行中转站的航天港和太空站,甚至可以让少量人去月球旅游。不少人把这样建立起来的月球基地称为月球城,但以其规模,称为月球村似乎更合适。月球村可由以下部分组成:居住区、科学实验区、生态保障区、健身娱乐区、入口、仓库、监视月面的瞭望塔等。这个永久性基地可供几十人或几百人居住,实验室、宿舍和起居室这些设施均被连在一起,并用月球上的建筑材料把它们覆盖起来,屏蔽掉太阳和宇宙射线的有害辐射。鉴于月球土壤本身就可以安全、简单地提供对这些有害辐射的防护,因此有人建议把月球村建在月表下几米深的地下掩体中。

整个月球村的外面应当有一个完全封闭的外壳,用以保证月球村里的基本物质不会流失,能够最大限度地循环利用。为了易于向高空发展,这个外壳也许会更多地采用圆柱形或长方形。至于透明性,无论从技术上还是心理上考虑,都没有必要,只需在外壳上方开些透明的窗口满足人们观赏星空的要求就行了(图3-5)。

和这种封闭式外壳相对应,月球村的内部建筑很可能采用三维的立体交叉网络模式。一些基本的大型建筑拔地而起,旁边附着各种形式的小型建筑,中间由四通八达的交通甬道相连。由于低重力和没有气候变化的影响,月球将成为建筑师的圣地,他们可以按照自己的设想建造各种奇形怪状的建筑,而不必像在地球上那样为它们的结构安全顾虑重重。

作为21世纪城市建筑发展的方向,未来月球村的建设还必须把人居环境的智能化和诗意化放在极其重要的地位。

按照智能化的要求,未来月球村中的居民可通过完善的计算机网络、综合数字网络及邮电通信网络,充分运用有线电话、无线电

图3-5　未来的宇航员鸟瞰月球开发基地

话、网络电话、可视电话、电子邮件、声音邮件、电视会议、信息检索等手段,足不出户便知月球事、地球事。月球村实现智能化,将为人们提供安全、可靠、方便、舒适的工作和生活条件,那里的温度、湿度、气压和风力都由电脑系统自动调节,长期保持在人感到最舒服而又最能节省资源的状态。月球村中的住宅,也有电脑系统加以调控,它能帮助主人把日常家务劳动减轻到最低限度。月球村中的每幢建筑,都有一套规范化的布线系统标准,所有的通信、生活、自动化控制都统一组织在这套标准的布线上,以免因进行不同布线系统工程,造成大量人力、物力和财力的浪费。

　　月球村的建设,将为人们提供近似田园生活般的村落化的居住环境。在月球村里,将看不到今天愈来愈臃肿的城市中到处是"钢铁和水泥森林"的景象,它应该更像是一个乡村,既有浓郁的绿色景致和泥土气息,又有现代多功能的简朴、美观的别墅式优雅环境。它的居住区将由许多单体的多功能小型住宅组合而成,并形成清静、雅致、舒适而又温馨的小街道。每幢建筑的上下左右都将被各种植物所包裹,每条街道的两旁都栽满了各种树木和鲜花。

生活必备三要素和能源

为了保障人的生活,月球基地的建设还必须解决空气、水和食物这三大必备要素。在月球基地建设的最初阶段,这三者当然只能从地球上运去,运输的成本非常高昂。随着月球开发的进展,生活必备的三要素应该逐步过渡到能在月球上就地解决。

未来月球村中的空气,总气压只需维持在地球海平面大气压的一半左右,这对人的生存已经足够了。月球村空气中氧气的分压力,要与地球上海平面相同,但氮气的分压力可以低一半。二氧化碳的分压力可以稍高一些,这样有利于提高绿色农作物的产量。

人的生命活动几乎不消耗氮气,但空气中氮气的存在可以起到弥补氧气分压力不足的作用。空气中氧气的分压力不能太高,如果超过地球海平面大气压的60%,就会引起氧中毒,导致某些呼吸道疾病。

月球上没有空气,然而组成空气的上述三种主要成分都可以用月球土壤和岩石就地制造。月球土壤中蕴藏着大量含氧量很高的钛铁矿,如果将它们进行分解处理,就可以产生大量氧气。月球上的岩石主要由硅酸盐组成,处理月岩也可以获得氧气。

为了鼓励科学家们创新,美国国家宇航局设立了一项25万美元大奖,要求参赛者研制出一种设备,质量和功率符合一定标准,在地面实验测试时以火山灰代替月球土壤,在8小时内制取至少5千克氧气。谁能在2008年6月1日前最先研制成功并现场示范,谁就能赢得大奖。火山岩和月岩本身形成于炽热的环境中,因此传统的"加热分解制氧法"行不通。新设备也许会考虑使用"电离法",把带负电的氧离子与带正电的离子分开,从而提取氧气。

据2005年8月4日一期《自然》杂志报道,日本科学家研究了由美国"阿波罗号"飞船带回的月球土壤样品后作出结论,月球土壤

中保存有氦颗粒。月球表面覆盖着一层岩屑、粉尘和角砾岩组成的细小颗粒状物质。这层物质中富含由太阳风粒子长期积累所形成的气体，如氦、氢、氮等，它们被加热到700℃时，就可以全部释放出来。

解决了空气的问题，那么水呢？

在太阳光直接作用下，月球地表会迅速升温，即使那里原来有冰存在，这时也会融化成水。液态的水会蒸发，而月球的引力太小，不能长久地吸引住水蒸气分子，水蒸气最终都会逃逸到太空中去。因此，月球上不可能有液态水自然存在。

但是，在月球两极地区的一些环形山内部，太阳光永远也照射不到。在这些永久处于阴影下的地区，因彗星撞击月球而留存在那里的水，就可能以冰的形式长期保留下来。如果月球上真的有这样的固态水，那么要采集它们，从理论上说是很简单的。用蒸馏器加热月球上含冰的岩石，就能收集到蒸发出来的水分。

但是，如果月球上不存在这种形式的固态水，那么要在月球上就地取水，就是一件很复杂的事情了。不过，前面也已经讲过，在这种情况下，还是可以设法从月球岩石中提取处于化合状态的水。

总而言之，不管采取什么办法，就地取水是建设月球村必须解决的第二个问题。

月球村建设必须解决的第三个问题是食物。它以前两个问题的解决为基础。有了空气和水，在月球村内，就可以建设月球农场，这样，人们就可以享受到和地球上相似的绿色蔬菜，而且会长得更大、更漂亮，口味更独特。

科学家设想，可以先在月球上建立人工温室，再从地球上运送一些泥土去，或者干脆使用含有植物生长所必需的各种营养的特殊液体做培养基，让蔬菜和水果的种子在其中生长。在同一密闭的环境中还可以养猪、养牛、养鸡。

当然，这里还有个适应的问题。月球上强烈的太阳光和宇宙射线、微重力环境，将会使植物和动物产生变异。这些变异有的可能是

图3-6　月球基地景色想象图

有利的,有的则可能是有害的。所以,科学家要通过研究和实践确定哪些动、植物最适合移往月球,哪些畜禽和蔬菜可以在月球上为人类制造一个更好的环境,提供更舒适的和营养更均衡的生活。

月球基地(图3-6)必须要有能源,解决能源需求的途径之一是收集太阳能。

月球表面没有大气,太阳辐射可以长驱直入,不像在地球上会受到大气的吸收以及云层的反射和阻挡。据测定,到达月球的太阳光辐射能量的功率为每平方米1.35千瓦。假设在月球上使用目前光电转化率为20%的太阳能发电装置,则每平方米太阳能电池每小时可产生0.27千瓦时(0.97兆焦)的电能,若采用面积1万平方米的太阳能电池,则每小时可产生2700千瓦时(9700兆焦)的电能。

从太阳能获得电力,具有以下特点:无枯竭危险,绝对无公害,不受资源分布地域的限制,可在用电处就近发电,能源质量高,使用者从感情上容易接受,获取能源花费的时间短。不足之处是太阳光

照射的能量分布密度相对来说还是较小,这使得太阳能电池需要占用巨大面积。但在月球上,这个不足之处显然不会成为问题。

在月球开发的初期,太阳能电池自然要从地球上运去。在月球开发大规模发展以后,太阳能电池的制造当然也应该就地取材。据称,美国科学家已经开发出利用月球表面尘埃物质制造太阳能电池的新技术。他们认为,今后在月球上可以收集月表尘埃物质,再将这些物质清洗、熔化、制成薄板。在这些薄板中植入半导体,使它们具有将太阳能转换为电能的功能。大量的机器人将能够分阶段地建造出众多巨大的太阳能电池,足以为未来的月球基地提供必要的能源。他们已通过试验证实,这一计划的关键部分完全可行。他们先是人工合成了一种粉末,其成分与宇航员取自月球表面的尘土完全相同,然后又在模拟月球表面的真空条件下成功地将它们熔化成光滑的晶体薄板。利用这种晶体薄板完全能够制造出可提供稳定电流的太阳能电池。目前这种电池转换太阳能的效率虽然还不足1%,但考虑到月球巨大的表面积,要想产生足够的电流是完全可行的。

解决月球基地能源需求的另一条途径是利用月球土壤中蕴藏的丰富的氦3。常见的氦原子核由2个质子和2个中子组成,原子量为4,称为氦4。氦3原子核与氦4原子核相比,少了1个中子。1个氘原子核(即重氢,由1个质子和1个中子组成)和1个氦3原子核在极高的温度和压力下可以发生聚变,形成1个氦4原子核,同时放出1个质子(即氢原子核)。这种热核反应没有放射性污染,反应前的氘和氦3均不具有放射性,生成的氦4和质子也都没有放射性,不会给环境造成危害,释放出的能量却相当可观。

在地球上,氦3资源贫乏。在地球大气中,氦3的总量只有约4000吨,在地球表面,氦3的储量更是少得微不足道。然而,月球探测器和登月的美国宇航员获取的资料表明,氦3在月球表面的土壤中竟多达百万吨以上。

在月球上,除了极少数地方外,整个月球表面都被土壤覆盖着,在月海区土壤平均厚约 5 米,在月陆区厚约 10 米。来自太阳的带电粒子流——太阳风——到达地球上空时,会受到强大的地球磁场的阻挡,只有极少量能进入地球的大气层。月球的磁场很弱,又没有大气,太阳风粒子能一直打到土壤中。因此,月球的土壤能够富集太阳风粒子,其中就有大量的氦 3。

据称,从月球土壤中每提取 1 吨氦 3,还可以得到约 6300 吨氢、70 吨氮和 1600 吨碳,这些副产品对于月球基地来说也是必需的物资。如果采用氘和氦 3 进行核聚变反应产生电能,按美国目前的年发电总量计算仅需消耗 25 吨氦 3,全世界一年有 100 吨氦 3 就够用了。因此,尽管每吨氦 3 的提取成本可能高达几十亿甚至几百亿元,但用氦 3 发电仍不失是一种价廉物美的能源。

未来在月球上,太阳能发电和氦 3 发电可以作为具有互补作用的两种能源,白天可以利用太阳能,夜晚则可以用氦 3 发电。这样,月球基地就不必都建到两极具备永昼条件的地方去了。毕竟,月球上具备永昼条件的地区很有限,基地都建到那儿去就不免太拥挤了。

五花八门的建设方案

很多人看过科幻电影,那里面的月球基地一般有个透明的圆拱顶,或者是座白色的圆形建筑,建筑物有空气、流水,还有花草、树木和动物。也许,到了将来月球全面开发阶段,真的会出现这种景象,可是,这绝不会是月球开发初期的月球基地(图3-7)。

万事开头难。在月球开发的初期,建造月球基地所需的所有建筑材料只能从地球上运去。为了尽可能减少费用,这样的月球基地肯定只能满足其中的人员维持生存和工作的最基本的需要,绝不会有任何更多的甚至是奢侈的设施。这样的一个基地,实际上跟现在的空间站差不太多。

于是,有人提出了这样一种方案,即像建造空间站一样,用航天

图 3-7　未来的大型月球开发基地

飞机或货运飞船把建筑模块带到地球附近的低轨道上,在那里组装成未来的月球基地。然后,用一个小型火箭,将它推入飞向月球的轨道。这个月球基地到达月球附近以后,与原来已经在那里环绕月球飞行的着陆器相连接,依靠这个着陆器在月球表面软着陆。于是,一个安全、自给、实用的月球基地就建成了。

跨出了第一步,接下来就可以利用月球上的资源就地取材建造新的基地。不过,一些专家认为,地球上所用的那一套建筑工艺方法通常都要消耗大量的能源和水,而水在月球上是极其稀罕的。因此,有些专家提出了一些不用水的建筑方法。例如,一位伊朗建筑师发明了一种新方法,用太阳能融化月球的土壤,烧制成一间陶瓷房子。

月球上的气候非常极端,表面的温度变化极其剧烈,还日夜受到宇宙射线的轰击。于是有人提出,为了防止月球基地中的人员受到日夜极端温差的影响和宇宙射线的伤害,索性把月球基地建造在地下的洞穴或隧道里。

月球的表面覆盖着一层土壤,其成分与地球上的土壤不同,它不含任何有机腐殖质,也不含一点点水分。这层浮土主要由很小的颗粒组成,但说不定在什么地方也会夹杂一些直径达一二米的较大岩石。这层浮土的厚度各处不一,在月海中大约厚几米,在某些高原地区则可厚达 10 米以上。

月球土壤因其疏松,有着极好的保温性能,能有效地阻止极端温差和太空辐射对人的致命影响。日本科学家提出在月球上建造地下建筑的"巢穴法",就是在月球表面挖掘一条大约 5 米深的隧道,里面放一个直径 3 米的圆筒形电动加热器,在隧道上覆盖大约 2 米厚的月球土壤,把圆筒壁加热到 1200℃,紧靠圆筒的月球土壤便会熔化,成为像玻璃那样的液体。液体冷却以后,会形成数厘米厚的壳,盖在隧道上。这层壳可以防止辐射伤害,人居住其中会很安全。

有一些太空地质学家认为,在月球的某些火山口下面,近千米深的地下,会有一些巨大的洞穴,它们是月球地质史上的火山运动形成的。因为月球内部现在已经冷却下来,这些火山早已不再活动,人们可以利用这些洞穴建立月球地下基地。

但是,把月球基地建在地下,长年累月不见天日的生活环境很容易使人患上幽闭恐惧症。为此,有人建议用大型反射镜把外面的自然光线反射进来。这样,既可以将洞外的光线引进地下建筑,又不至于对在地下生活的人造成伤害。至于昼夜交替、天气变化、景致幻化等要求,都可以通过模拟显示虚拟技术来解决(图 3-8)。

事实上,在地球上,人类已经在逐步开发利用地下空间。像日本就有很多地下街、地铁、地下综合体,现在日本大城市的浅层地下空间已经开发得差不多了。美国不少城市地下空间开发也都有一定的规模。另外,瑞典、挪威、芬兰的城市地下空间开发也比较好,有好多地下音乐厅、游泳池、运动场。中国一些大城市的地下空间开发,结

图3-8   想象中的月球开发基地夜景

合地铁的建造,也正在兴起。

　　有专家预言,到21世纪末,将有1/3的人在一昼夜的不同时间里到地下去活动。深层超大型城市地下综合体很可能不久就会出现。在21世纪里,人们将会努力建立起一套完整的地下空间规划设计理论,为地下空间的开发利用提供必要的理论保证。随着新观念和新技术的应用,地下空间过去给人的那种阴暗、潮湿、封闭的感觉,将会得到彻底改变。借鉴人类在地球上开发地下空间的经验,把月球基地建在月球的地下,也许不失是一种富有创意的选择。

月球村里的农业

　　绿色植物能够在阳光的照射下,通过光合作用,利用人和动物呼吸排出的二氧化碳,与水发生化学反应,制造有机物,促进其自身生长,同时放出氧气。绿色植物本身又可以作为人类的食物。因此,在未来的月球村(图3-9)里栽培绿色植物、发展农业,是十分必要的。

月球上的特殊环境,使植物的生长条件有了很大的改变,这可以诱发农作物的染色体发生畸变,从而导致生物遗传性状的变异,人们可以从中选育高产、优质、早熟、抗病力强的良种。因此,发展月球农业,可以成为推动地球农业发展的一个有力因素。

在"阿波罗11号"成功登月并取回月球表面的土壤样本以后,科学家就试图在月球土壤上种植农作物,并由此使太空农业技术开始发展了起来。自1975年之后,苏联/俄罗斯的每一次航天飞行都带着一个育苗床。

图3-9　想象中的月球村秀姿

但是,太空农作物实验遇到了重重困难。太空飞行器上的失重状态使植物的根系无法固定,与地球上迥异的光照和大气条件使植物的生长产生了紊乱。此外,太空飞行器中没有风,没有昆虫,植物很难完成传授花粉的过程。因此,苏联宇航员在最初几年中仅在几种非食用植物的太空栽培方面取得了某些有限的成果。

20世纪80年代,苏联雇用保加利亚人在"和平号"空间站建了一个1平方米的试验温室,在其中真正开始进行种植粮食作物的实验。90年代

初，苏联宇航员在这个温室中成功地种出了莴苣和胡萝卜。1995年，美国和俄罗斯科学家开始尝试在这个温室中种植小麦,4年后取得了成功。

1999年初,在"和平号"空间站的温室中首次收获的太空小麦种子共有508颗。科学家又把这些种子再次播种,并在当年晚些时候收获了第二茬,产量是第一茬的两倍。后来,美国和日本的科学家联合攻关,在空间飞行器里试验种植甘薯,这样不仅可以补充舱内氧气,而且可为宇航员就地提供食物。

利用太空的特殊环境培养出来的"太空西红柿"、"宇宙胡萝卜"和"太空小麦"等日益受到人们的欢迎。美国国家宇航局宣布,美国将加强太空农作物的研究,在国际空间站上开展长期的培育良种的试验。如果能在国际空间站上大量栽种小麦等农作物,解决宇航员的食物供应问题,那么无疑能大大降低空间站的运转费用。

中国和巴西等发展中国家也正在积极进行太空农业的研究。同美、俄相比,中国和巴西等发展中大国在太空农业技术研究方面考虑得更远,也更现实。中国和巴西政府都希望在太空站或太空飞船上培育出的抗病性能好、产量高的优良农作物品种能"移植"到地球上来,从而解决不断增长的人口的粮食供给问题。

迄今,中国虽然未能在空间站上进行培育农作物的实验,但在太空育种领域已经走在世界前列。20世纪80年代以来,中国已经多次成功地利用返回式卫星和载人飞船搭载农作物种子,在距地球几百千米的高空进行航天育种试验,并最终育成了一批高产优质的粮食和蔬菜等农作物的种子。例如,"太空水稻"比原品种增产20%左右,"太空1号"和"太空2号"小麦平均亩产比原品种增加9%左右。自1987年以来,中国已选育出"太空青椒"、"太空番茄"等一批作物良种,占世界航天育种总数的1/4。

中国从1987年开始,用卫星将农作物种子搭载上天。"搭星上天"的主要有青椒、番茄、黄瓜、丝瓜、胡萝卜、莴苣等蔬菜种子,水稻、小麦、高粱等粮食作物种子,以及花卉草木等种子,共计 50 多大类。太空种子返回地面种植后,不仅个大,而且品质提高。专家们曾做过一项对比试验,育成的"宇椒 1 号"青椒,平均每个重达 250 克,其维生素 C 和可溶性固态物、铜、铁等微量元素含量都比原来高出 20% 到 30%。现在,全国已有 20 多个省、自治区、直辖市开展了太空青椒、番茄、黄瓜和太空稻、太空麦等的引种、试种工作。

目前的太空农业,基本上还局限于用卫星或载人飞船搭载种子育种,由于供搭载使用的空间有限,每次发射能够搭载的种子数量很少。即使在当年的"和平号"空间站和今天的国际空间站上,能够用于做太空农业技术实验的空间还是很小,使得这项很有发展前途的现代农业技术大受限制。

很明显,随着月球开发事业的发展,人们将来完全可以把发展太空农业技术的基地放到月球上去(图 3-10),从而在发展月球农业的同时,使太空农业技术得到更迅速的发展。到那时,在地球上的农场里,很可能将到处播种着"月球小麦"、"月球水稻"、"月球玉米";在人们的餐桌上,将不时出现"月球黄瓜"、"月球番茄"、"月球大白菜";在人们的水果盘里,将常常装着"月球香蕉"、"月球猕猴桃"、"月球苹果"。这些冠着"月球"美名的形形色色的农产品,虽然并非真正产自月球,但它们的种子来自月球村里的农场。

图3-10　月球村中的农场想象图

人造月球生物圈

"生物圈"这个名词,本来是指地球表面整个有生命的地带,它包括地球上一切生命有机体,即植物、动物和微生物,以及这些生命有机体赖以生存和发展的环境,如空气、水、岩石、土壤等。生物群落与环境之间以及生物群落内部通过能量流动和物质循环形成一个统一整体,称为生态系统,生物圈是地球上最大的生态系统。在生物群落内部,依靠食物链维系着物质和能量的平衡和流动,生物和环境之间也因物质和能量的制约而达到一种较稳定的状态,即生态平衡。

那么,在现有技术条件下,人类是否能模拟出一个类似地球生物圈,能供人类繁衍生息的生态系统呢? 这对于未来开发月球乃至开发火星,都有着非常重要的意义。

于是,美国科学家从 1984 年起在亚利桑那州建造了一个几乎密封的"生物圈 2 号"试验基地。"生物圈 1 号"则是人类休养生息的地球天然存在的那个生物圈。"生物圈 2 号"占地 1.3 万平方米,大约有 2 个足球场大,容积 20.4 万立方米,设计及建设花费 2 亿美元,每年的维护费达数百万美元。

"生物圈 2 号"是一座 8 层楼高的圆顶形密封钢架结构玻璃建筑物,远远望去仿佛是一个巨大的温室(图 3-11)。它所有的窗户都是完全密闭的,透过玻璃往里看去,温室内有碧绿的麦田、如茵的草地、碧波荡漾的鱼塘,微型"海洋"不时卷起阵阵细浪。室内还放养着猪、牛、羊和其他家禽,里面居然还有几排房子。

在"生物圈 2 号"这个微型世界中,有土壤、水源、空气和多种多样的动植物和微生物,有模拟的海洋、平原、沼泽、雨林沙漠旅业区和人类居住区,是个自成体系的小生态系统。科学家们希望这个模拟地球环境的实验室能提供足够的食物、水和空气,供 8 名进入"生物圈 2 号"的研究人员生活两年。

图 3-11 "生物圈 2 号"外观

1991 年 9 月 26 日,4 男 4 女共 8 名科研人员首次进驻"生物圈 2 号",1993 年 6 月 26 日走出,共计停留 21 个月,在各自的研究领域内均积累了丰富的科学数据和实践经验。来自英国、墨西哥、尼泊尔、南斯拉夫和美国 5 个国家的 4 男 3 女共 7 人在对首批结果进行评估并改进技术后,于 1994 年 3 月 6 日二次进驻,对大气、水和废物循环利用及食物生产进行了广泛而系统的科学研究,10 个月后于 1995 年 1 月走出。

进驻"生物圈 2 号"的科学家在里面一边从事科学研究,一边养鸡养鸭,耕种收获,过着完全自给自足的生活。两年中除了提供第一批包括种子在内的物品外,其余的一切都需要他们自己解决。能源,取自太阳能;氧气,由他们种植的植物制造;粮食,靠他们自己在里面种植获得;肉类和蛋白质,取自他们养的鸡、鸭、猪、羊。甚至包括里面的气温和气候,也由他们来设法控制,并尽可能模拟地球气候。

他们必须竭力设法保证这个小小的生态系统的平衡(图 3-

12）。比如绿色植物过多，没有充足的肥料和二氧化碳供它们呼吸，植物就会死亡；假如他们想多吃点肉，必须多养动物，而动物过多，粮食和饲料会紧张，氧气的消耗会增加，空气中二氧化碳的浓度也会升高，从而影响他们自身的生存。这一切都需要周密的计划和细致的安排。任何一方面出现偏差，都会使整个计划前功尽弃。

然而，一年多以后，"生物圈2号"的生态状况急转直下。由于土壤中的碳与氧气反应生成二氧化碳，部分二氧化碳又与建造"生物圈2号"用的混凝土中的钙反应，生成碳酸钙，导致其中氧气的含量从21%降到14%；而二氧化碳和二氧化氮的含量却直线上升，大气和海水变酸。

在"生物圈2号"内，很多生物死去，所有靠花粉传播繁殖的植物都灭绝了，大树也摇摇欲坠，大部分脊椎动物死亡，昆虫除了白蚁、蟑螂和蝈蝈外，几乎都死了。人造海洋中的生物生存情况略好于陆地；人造沙漠由于没有控制好降雨，变成了草地；"生物圈2号"下

图3-12 "生物圈2号"内景

层的温度也大大低于预计的数字。

"生物圈2号"内空气恶化直接危及了居民们的健康,科学家们被迫提前撤出这个"伊甸园",实验以失败告终。1996年1月1日,哥伦比亚大学接管了"生物圈2号"。9月,由数名科学家组成的委员会对实验进行了总结,他们认为,在现有技术条件下,人类还无法模拟出一个类似地球的、可供人类生存的生态环境。

"生物圈2号"实验的失败,使得人类试图未来在月球上建立类似的人造生物圈的努力面临严峻的局面。但是,这并不是说,人们不能在月球上建立一个辅以适时人工干预的准稳定的生态系统(图3-13)。这种准稳定的生态系统,需要在必要的时候人工调整其中的空气成分、补充或减少水分,并且通过制定科学的播种和繁殖计划来严格控制生物群落的稳定。

当然,这样一来,人们在月球上建立的生物圈,就不是独立的,它不过是地球生物圈的延伸。为保持这个生物圈的稳定,人们仍得不断地消耗很多物资,而这些物资仍有赖于从地球上提供补充,因此代价还是很高的。但是,有了这样一个准稳定的生态系统,相比于没有,还是应该可以大大减少消耗。人类的月球开发能不能大规模发展,很可能取决于人们为维持这样的生态系统所消耗的,与在月球开发活动中所能得到的收益相比,最终是否值得。这是一个在月球开发中必然要面对而且必须要解决的问题。

未来月球畅想曲

要准确地描绘未来月球全面开发之后人们在月球上的生活情景,是很困难的。要把想象变成现实,在很多情况下,问题不在于技术上有多大困难,而在于有多大的投入产出比,或者说投资回报率。

人类开发月球,目的应该是为了更有效地利用自然资源。无论是月球,还是火星或者其他星球,都像地球一样,应该看作大自然给人类的恩赐。面对这样的恩赐,人类应该珍惜、应该敬畏。可是,人们

图3-13　月球村中的生态住宅想象图

今天对地球却是毫不珍惜,处处都在暴殄天物,以致造成种种环境问题。人们决不应该把这种掠夺式的开发方式带到月球上去,把月球搞得资源枯竭。否则,人类就将成为宇宙的罪人,最终不可避免地将招致大自然的严酷报复,不但月球开发终将归于失败,人类本身的存在也有可能遭到万劫不复的报应。

人类的月球开发活动,虽然允许局部的消耗超过收益,但从总体上说,只有在收益明显甚至大大超过消耗的情况下才值得一做。这里所说的消耗,当然首先是指对地球资源的消耗,我们不能为了开发月球,却长期地、无节制地消耗地球资源。此外,还得尽可能地减少对月球资源的消耗,不能把月球开发搞成昙花一现,而是要把它建成人类在地球以外的一个能够继续繁荣至少千万年、万万年的太空花园。

人们当然应该以这样的态度来看待对于人类未来月球生活的种种畅想。但是,如果每提出一项畅想,就都要去问是不是符合上面所说的原则,都要回答这样的畅想真能实现吗,那实在是过于沉重了。人们何不放开自己的思想,尽情地去畅想,先别去管它能不能真的实现——那还可以从长计议。

例如,有人提出要在月球上建造类似"月球希尔顿饭店"这样的豪华旅馆。他们想象可以在那里住总统套房。自然,去月球旅游一次得花那么多钱,那么在那里因享受总统套房而增加的费用便只能算一笔不起眼的"小钱"了。

日本大林建筑公司设计了一个在月球上建设城市的方案,提出利用月球上到处都是的环形山建造宇宙级住宅,这些住宅好像一个个金色的小圆球,簇拥着一幢向前延伸的巨型螺旋形大厦。这个月球城内有各种豪华的设施,甚至有高尔夫球场。日本西松建筑公司计划在月球上建造一座"蜗牛城",建造一个由3座10层高塔组成的高层建筑群。

一名荷兰建筑师推出了月球星级饭店的设计方案,它将由两座各高160米的塔楼组成。饭店将采取最现代化的构造,游客住在悬挂于楼里的水滴状"居住舱"里。你可以在160米高的顶层旋转餐厅里,享用月球工厂里生产的特殊食品。月面在你脚下延伸,湛蓝的地球成为用餐的背景。这一瞬间,你可能会觉得真的来到了天堂。

所有的月球旅馆设计方案都特别注意建筑的朝向。月球永远以同一面向着地球,因此,在月球的天空中,不管什么时候,地球永远停留在同一个位置上,不会升起,也不会落下。游客们远离地球,让他们随时看到自己的家园是一种必要的心理慰藉。

月球上的重力只有地球上重力的1/6,人在月球上变成了能飞檐走壁的大侠。但是,你可不能想怎么干就怎么干。首先当然是安全问题,但其次还有个环境保护问题。月球表面部分区域允许游客自己尝试行走,但绝大部分区域将禁止游客入内。由于月球上没有空

气,也就没有风,人留在月球表面上的脚印永远不会自行消失,而月球上的土壤又特别松软,踩在上面很容易留下深深的脚印。如果任游客在月球表面到处乱踩,若干年后,整个月球的表面很可能将变成杂乱、丑陋的布满脚印的世界。

为了满足游客要在月球上玩出地球上从未有过的心跳感觉的欲望,有人设想在月球上开展"室内攀缘"运动。游客们在运动馆内先来个攀岩,爬上比地球上任何建筑都高得多的峭壁,而后穿上包括"蝙蝠翼"、脚蹼在内的各种特制装备,就可以在划定的区域内"飞行",体验一下做"蜘蛛侠"加"蝙蝠侠"的滋味。

月球上没有空气,也就没有微生物,没有细菌感染。特殊的低重力环境,使受伤的器官和骨骼容易生长。那里还是个安静平和的世界,没有地球上的熙熙攘攘。这样的环境很适合开设医院和疗养院。去月球就医和疗养的花费肯定很高,但一些人认为还是会有人乐于前往。

月球上还很适合开设美容院。月球上重力小,能使人的皮肤舒展,原有的皱纹消失不见。这对于很多小姐、女士无疑是一大福音。本来,为了美容她们可以大把大把地花钱,那何不飞上月球,争取变成嫦娥再世呢?

图4-1 月球航天中心想象图

第四章　月球的航天开发

月球上的太空城

　　自古以来,在许多美丽的神话中,对天国、天堂、天宫作了种种有声有色的描绘。如今,人类进入了太空时代,不免会想到要把这些千百年来的幻想变成现实,真的建造起足可以与想象中的天堂媲美的太空城市,供人类在其中长期生活(图4-1)。

　　但是,要在太空环境中长期生活和工作,就需要建造一种适于人类在太空中居住的场所,这样的场所,叫做空间站。规模很大、设施豪华的空间站,可以称为太空城。

　　太空城要让人们能够像在地球上一样长期生活和工作,不仅需要有防护宇宙射线和微流星袭击的设施,而且还要形成与地面相似的重力、大气、日照和昼夜等环境,必须有充足的水、食物和能源,此

外还应设置住宅、街道、公园、工厂和农村……

　　未来的太空城对能源的需求可能会很大,仅仅靠太阳能不能满足需要,在这种情况下可以考虑使用核能。未来的太空城应该配备一座小型的核电站,它将是一种革新型的核电站,具有极高的安全性能,在任何情况下都不会出现放射性泄漏事故。

　　这样的一座太空城,还应该形成一个独立的"生物圈",至少也应该能部分满足这方面的要求。这样,就可以把太空城对地面的依赖减到最小,把太空城对地球资源的消耗减到最小,从而使得太空城不仅成为人类的一个实验室,还可以发展为人类的"第二家园"。当然,这要真正实现,还有许多技术上的困难需要解决。

　　一些科学家设想,这样的大型太空城,其结构可以采用圆环形、圆柱形、球形或半球形。圆环形的太空城(图4-2),宛如一个绕轴旋转的巨大空心车轮。有人设计了可容纳1万人的圆环形太空城,圆环外径为1600米,内径为150米。在这圆环内部,有树林、草地、农场、牧场、街道、商店、学校、工厂和其他公共设施。在中央的轮轴区建有能适应失重条件的特种工厂和航天港。

　　美国科学家奥尼尔(Gerard K. O'Neill)设计了名为"宇宙岛"的太空城方案。它是一个直径500米的中空圆球,内壁建有住宅区,也可容纳1万人。"宇宙岛"以一定速度旋转,产生离心力,以模拟地球重力;岛内制造人工土壤,栽种树木,开凿河流,

图4-2　设想中的轮胎形太空城的外形

加上射入的阳光,可形成人造生态系统;同时,充分利用失重条件和充足的阳光,建立太空产业,作为太空城发展的基础。

还有人甚至设想建造能容纳数十万以至上百万人的中型和大型太空城。一种方案是建造一座长32千米、直径6.4千米的圆柱形太空城,其中有森林、小河、山丘、人造湖泊,其环境完全与地面类似。由于阳光充沛和管理科学,太空城内青山绿水、鸟语花香、牛羊成群,庄稼一年可收四五熟,真好像是一座人间天堂。

不过,如此大规模而且豪华的太空城,在21世纪的前几十年内,肯定不会出现。即使到了技术上的困难已经完全解决的时代,建造这样的太空城所需要的难以想象的巨额投资,很可能仍会成为难以逾越的障碍。

因此,未来的太空城,至少在今后几十年内,规模恐怕不会太大,不会与现在的空间站有很大的不同。

空间站是一种能在太空轨道上长期运行、可载人从事太空活动的巨型装备。它一般由运载火箭将组件分次发射入轨,然后在轨道上逐次把组件对接、组装起来。空间站靠天地运输系统(如宇宙飞船和航天飞机)运送宇航员和补给物资,提供长期支持。

1971年4月,苏联发射了第一个空间站"礼炮1号";1973年5月,美国的第一个空间站"天空实验室"上天。它们都属于第一代空间站,其特点均为规模较小的单舱体。1986年2月20日,苏联发射了"和平号"空间站,这是第二代空间站。现在的国际空间站属于第三代。

空间站中特别设有一个或几个增压舱,其中有向宇航员提供正常工作和生活所需要的生命保障系统,虽然没有重力,但比航天飞机和宇宙飞船更适合宇航员长期工作和生活。空间站还是一个设在太空的航天港,能够及时有效地为其他航天器补充燃料,完成维修、组装及回收其他航天器等工作。

空间站的建立,对于发展经济、进行科学实验和人类未来的太

图 4-3　月球
空间站想象图

空旅行,以至建立太空城等,都有重大的意义。随着人类太空开发的前进步伐,空间站的规模必然会越来越大,功能越来越多,例如可以建立太空工厂,生产特殊材料和药品等,使载人航天进入真正应用的阶段。未来的太空城,应该在空间站的基础上逐步发展起来。

　　未来人们在月球上建立的生活基地,都得与周围月面环境绝对地隔离开来,自成一个封闭的系统。这样的一个系统,其实并非一定要建立在月面上,它完全可以安放在月球附近的太空中,让它围绕月球转动,成为绕月飞行的空间站(图4-3)。

　　前文曾经说过,月球开发基地的建设,可以像建造空间站一样,用航天飞机或货运飞船把建筑模块带到地球附近的低轨道上,在那里组装好,然后,用火箭将它推入飞向月球的轨道,到达月球附近以后,再让它在月球表面软着陆。其实,这样的一个装置也可以就让它停留在绕月飞行的轨道上,成为月球的一个空间站。

　　那么,把月球开发基地建成一个月球空间站,有什么好处或者说有什么必要呢?

　　首先,这是人类登月飞行的一个很自然的结果。当初,美国的"阿波罗号"系列飞船到了月球上空,并不是整个飞船都在月球上着陆。"阿波罗号"飞船每次都载有3位宇航员,只有其中的两位乘坐登月舱登上月球表面,飞船本身则继续在绕月轨道上运行,另一位宇航员就留守在飞船的指令舱中。

留在绕月轨道上的飞船,一方面监视在月球表面着陆的宇航员的活动,对他们的安全起辅助保障作用,另一方面在登月的宇航员与地球之间发挥信息中转作用。

宇航员完成登月任务之后,"阿波罗号"飞船登月舱可载着他们返回绕月轨道,与飞船对接,把他们送回飞船的指令舱。然后,登月舱被抛弃,宇航员乘坐飞船返回地球。

"阿波罗号"系列飞船登月,前后历时3年半。每两次登月之间相隔约半年或者更长,每次宇航员在月面上的活动时间最长不到1天。然而,将来人们将会频繁地在月球上起降,活动时间也将长得多。在这种情况下,如果各艘飞船依然各自留在绕月轨道上,每艘飞船内仅仅派一个宇航员留守,那不仅会使留守宇航员感到寂寞,而且生活保障上也需要更完善,以适应飞船内宇航员长期生活的需要。在这种情况下,一个好办法就是在月球上空建立空间站,或者说月球轨道站,作为飞船靠泊的"港口"。

有了月球空间站,从地球前往月球的飞船,就可以先与月球空间站对接,宇航员进入空间站,与原来就在那里的宇航员会合并稍事休整。在这种情况下,登月舱将是月球空间站的一个附属设施,并且可以重复使用。登月的宇航员在月球空间站中稍事休整之后,进入登月舱,即可继续登月之旅。

有了月球空间站,加上地球空间站,飞往月球的宇宙飞船也就可以重复使用。担负这一任务的宇宙飞船不需要强大的助推火箭,它自身的火箭发动机所需要的燃料则在地球空间站上灌注。在完成一次月球飞行后,再返回地球空间站,进行检查、维修,重新灌注燃料后就又可以执行新的月球飞行任务。

这样,要去月球的宇航员,只需要先飞到地球空间站上,在那里

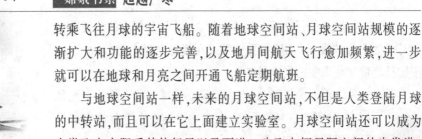

转乘飞往月球的宇宙飞船。随着地球空间站、月球空间站规模的逐渐扩大和功能的逐步完善,以及地月间航天飞行愈加频繁,进一步就可以在地球和月亮之间开通飞船定期航班。

与地球空间站一样,未来的月球空间站,不但是人类登陆月球的中转站,而且可以在它上面建立实验室。月球空间站还可以成为人类飞向太阳系其他行星以及更进一步飞向恒星际空间的出发港。月球空间站将会发展成太空城,成为人类开发月球的前哨基地、实验工厂。它将是人们去月球旅行的一大景点和基地,那里将是对整个月球观光的最好场所。

月球太空城的建设(图4-4),在技术上并不比在月球表面建设一个月球村更困难,投资也不会相差太远,甚至可能更便宜一些。因此,月球太空城与月球村完全可能会平行地发展,两者各尽所长、互为补充、互相配合。

例如,太空城的一大特点是可以完全没有重力,而在月球表面的月球村里,仍有相当于地球表面1/6的重力作用。因此,那些需要在完全失重条件下做的实验,就可以在月球太空城里做。而月球村

图4-4 奥尼尔设想的一种太空城

的一大长处是有月球表面作为依托。月球开发的很多工作，尤其是月球矿藏的开发，需要在月球表面实地完成，以月球村为基地去做，自然更加方便。月球矿藏的冶炼工厂也是放在月球表面更为合适。

图4-5　月球太空城中的太空作物实验室想象图

从旅游的角度来说，月球太空城和月球村也各有优势。在太空城里，固然能够领略月球的全貌，却不会有在月球表面行走的那种快感。未来的月球游客，不会仅仅满足于在太空城中观看月球美景，他们必然还要去月球上着陆，让自己的双脚在月面上走一走。

可以想象将来的月球，在它的表面将会建起一座座月球村，而在它的空中则飞翔着一个个太空城。它将不再是一颗死寂的星球，而变得到处生机勃勃，成为人类的一座大别墅。

月球太空实验室

月球太空城里的实验室，像今天人类在地球附近太空中建立的空间站一样，可以在失重环境下进行科学研究。不过，在将来的月球太空城里，实验室的规模可以造得更大(图4-5)，仪器设备以及其他各种实验条件可以更完善，实验的装置可以更复杂，参与实验的人员可以更多，因此更适合进行大型、复杂和长期的实验。

当然，在将来的地球太空城里，这些条件也会同样具备。然而，地球附近的太空环境与月球附近的太空环境有着重要的差别。例

如，地球有较强的磁场，在太空中一直伸展到离地面几万千米远。因此，地球太空城如果只是在几百千米或几千千米高的空中，那么仍然会有地磁场的影响存在，会对太空城中的某些实验造成干扰。月球的磁场强度不到地球磁场的千分之一，因此在月球太空城里，更适合进行那些需要避免磁场干扰的实验。

将来在月球太空城的实验室里会开展哪些具体的实验项目，现在还很难设想。不过，看看科学家们正在地球上空的国际空间站进行哪些实验，仍会使人们受到一些启发。

国际空间站迄今尚未完全建成。科学家们原本期望它将开创人类历史上前所未有的太空研究条件，要为它配备最先进的研究设备，包括一座生物医学综合实验室，一台新型合金高效冶炼炉，还有最新的材料学研究设备。但原来计划建造的某些实验室尚未建立起来。

太空中的失重条件，对人的脑、神经和骨骼会产生怎样的影响，这是人们首先要在空间站中研究的。人类要在月球上长期生活，月球的微重力环境会对人体健康产生怎样的影响，这是一个必须考虑的问题。将来人类飞向火星，更需要经受长期无重力条件下的太空飞行。空间站中的实验室将成为这方面研究的基地，并在人类飞往火星前担当过渡性的测试任务。

为维持人体各器官组织正常"运转"，空间站中的宇航员们必须每天进行两小时体育锻炼。由于没有重力，宇航员在太空中的运动不像在地球上那样自如。他们需要用绳子把自己固定在太空站的设备上，穿上特制的裤子，使体内的血液从头往脚循环，以求取得与在地球上锻炼同样的生理效果。这些运动可以基本维持心脏、动脉等器官的正常"运转"，却不能防止骨骼的萎缩。宇航员在一次太空旅行中将损失 1 % 到 10 % 的骨骼组织。为此，科学家专门研制了一种便携式骨密度探测器，以便于在太空中测量人体骨密度的变化，了解骨质疏松的程度。

更可怕的是,宇航员在失重条件下会患上"运动失调综合征"。1997年6月,"和平号"空间站同太空物体发生碰撞,俄罗斯专家认为就是因为宇航员患上了这种病症,对物体距离和运动速度的估测发生了偏差。这种病症对不同的宇航员有不同程度的表现,最明显的是宇航员难以抓住一个起伏跳动的皮球。太空站的失重条件还会加速某些人体器官的老化过程。

宇宙射线和高能粒子的辐射能够对生物的生长和遗传特性产生影响。到目前为止,还未发现进入太空的宇航员因遭受宇宙辐射而患有疾病。但是,除了"阿波罗号"登月的宇航员外,其余所有的宇航员进入的都只是几百千米高的近地太空。由于地球磁场的存在,很多带电的高能粒子在几万千米高处就发生偏转,不能进入近地太空危害宇航员的身体。对于将来需要在月球上长期生活的人们以及飞向火星的宇航员来说,这将是一个必须认真对待的问题。这方面的研究,自然需要把实验室放到地球磁场之外去,而未来的月球空间站或者太空城(图4-6)就是合适的地点。

在未来的月球太空实验室中,既有与地球太空站相同的失重条件,又有比近地太空强烈得多的高能带电粒子辐射环境。这对于太空育种以及植物的生长会产生什么样的影响,也是一个很值得研究的问题,肯定会取得很多意想不到的成果。

图4-6　太空城内部景象想象图

在未来的太空实验室里,人们还可以研究在失重条件下的疾病治疗。一些在地面难以治愈的慢性疾病,也许可以在太空中找到回春妙方。利用太空失重条件,人们还能合成一些在地面不能制造的治病良药。医学家希望能够在太空条件下,寻找到攻克糖尿病、癌症、艾滋病等顽症的途径。

一个由瑞士、意大利和德国科学家组成的研究小组准备在国际空间站上研制人造软骨。如果实验成功,这将为全世界成千上万的膝盖骨损伤患者提供新的治疗手段。科学家们还计划要在国际空间站中从事许多优质高效药物的研制,包括生长蛋白晶体。科学家们希望在国际空间站上进行一系列生命科学尖端实验,更彻底地了解生命的组成机制。

太空实验室里的失重条件,对于冶金和材料科学研究来说也开辟了一个新的领域。很多在地面实验室无法做到的事情,在太空实验室中却可以轻而易举地实现,例如水与油的混合在太空中只是小事一桩。由于失重条件下物质不分轻重,不同的液体可以混合得相当均匀,因而能生产出非常均匀的合金或复合材料。

月球太空旅馆

现在正在地球上空飞行的国际空间站, 在 1998 年开始建设的时候,并没有设想要承担旅游任务。按当时的建设计划,它将包括 6 个实验舱和 1 个居住舱,还有 3 个接点舱,内部空间虽宽敞,却没有专供游客观光、居住的旅游舱或者说旅馆。

国际空间站的实际建造进程并不像原来期望的那样顺利。它的所有部件,都依赖于美国航天飞机运送、组装。2001 年 7 月,美国的小布什入主白宫,立即作出了削减对国际空间站拨款的决定。2003 年 2 月"哥伦比亚号"航天飞机的失事,更使得国际空间站的建造被迫长期停顿。

2004 年 7 月 23 日,来自美国、俄罗斯、欧洲和加拿大的航天局领导人在荷兰聚集,讨论国际空间站的合作问题。会上决定按比例缩减国际空间站上宇航员人数和科学实验的数量。这意味着,它将无法按照原来设想的规模和进度完成建设。

然而,出乎预料的是,自2001年4月以来,国际空间站已经先后接待了5位太空游客。

第一位游客是美国富翁蒂托。蒂托原是美国国家宇航局的一位工程师,他把遨游太空作为自己终身追求的梦想。他虽然年已花甲,但拥有亿万家财,决定在有生之年利用自己的财富实现这一梦想。

蒂托向美国国家宇航局提出申请,得到的是毫不含糊的拒绝。理由很简单:空间站是载满昂贵仪器的太空实验场所,怎么能把一个普通人送上去玩呢?蒂托只好转而把希望寄托在俄罗斯,结果很快达成协议:蒂托向俄方支付2000万美元,俄方安排他搭乘"联盟号"飞船去国际空间站一游。

美国国家宇航局得知此事后大光其火,其理由冠冕堂皇:蒂托进入国际空间站,会干扰其中的宇航员,使他们不得不停下工作去"照顾"他。但俄罗斯一次次冲破美国方面的阻扰,终于在2001年4月29日把蒂托送上了国际空间站。

蒂托在国际空间站上的大部分时间,都距离美国工作区域有100多米远,没有影响机组人员的工作。他在那里拍摄照片,凝视地球,聆听歌剧。他还从事了帮助机组人员准备食物等辅助性的工作。5月5日,蒂托和两名俄罗斯宇航员一起返回地球。

继蒂托之后,南非人沙特尔沃思、美国人奥尔森(Gregory Olsen)、安萨里(Anousheh Ansari)和希莫尼(Charles Simonyi)分别在2002年、2005年、2006年和2007年登上国际空间站。

人们不得不吸取的一个教训是,今后如果要建造新的空间站,在规划的时候就必须为迎接太空游客留出空间,也就是说要在空间站上设置专门的太空旅馆。在更远的将来,若要建造豪华的太空城,

更不能忘记要把太空旅馆的建造放在重要地位。

　　未来的月球太空城承担着人们登陆月球的中转任务,在月球太空城里感觉舒适,设备齐全,布置豪华,能让来客如同回到地球上的家里一般。月球太空城的太空旅馆将建在城的外缘,远离城的轴心的地方。这样,当太空城绕轴自转的时候,太空旅馆所在处将具有最大的离心力,使居住在那里的游客具有一定的重力感觉。这样产生的重力感觉大致与月球上的重力相当,从地球上来的游客可以在那里逐步适应随后登上月球的生活。

　　游客从地球来到后,太空旅馆将安排他们领略太空城里的美丽风光(图4-7),参观太空实验室、太空工厂、太空农场、太空航天港……他们还可以去太空城的游泳池里游泳,去体育活动中心锻炼身体,去音乐厅听音乐,去立体影院看电影。他们也可以在太空城的树

图4-7　想象中的月球太空城一角

林里散步,在小河边垂钓,或者聆听鸟鸣雀叫。太空城里的生活决不会寂寞。

在太空城的密闭舱外,还将有一个场所模拟月球上的自然境况,像月球上一样没有空气,表面是松软的月球土壤。太空旅馆的导游小姐将指导游客们穿上太空服,戴上密闭的头盔和氧气瓶,走出密闭舱。游客们可以在这里学会以后到了月球上如何行走。

在月球太空旅馆里,游客们可以通过透明的大窗户,尽情地观赏月球的全貌。月球太空城离开月面只有几百千米,月球又没有大气,更不会有云雾,游客们可以十分清晰地看到月球上的环形山,还有连一滴水都没有的"海",以及长长的山脉等。

当然,在月球太空旅馆里,旅客们可以随时看到蓝色的地球,它要比在地球上看到的月亮要大好几倍。远在38万千米外的游客,远望着养育自己的家园,心中必定别有一番滋味。

飞往火星的跳板

已故美国著名天文学家、科普作家卡尔·萨根(Carl Sagan)曾说过:"空间站唯一的实质性功能是为长期的太空飞行服务。"他甚至指出,"如果我们最终不打算把人送上诸如火星这样遥远的世界,那么我们就失去了建立空间站的主要理由。"

火星是近几年太空探索的头号大热门。特别是美国的"勇气号"和"机遇号"火星漫游探测器在火星上发现了曾经有水的大量痕迹,再次掀起了人们对改造火星、移民火星的幻想热潮。确实,如果将来人类真要向外星移民,那么火星将是第一个目标。

一百多年前,一些天文学家宣称用望远镜观测到了火星上的"运河"。从那以后,火星就引起了人们的高度重视,"火星人"的幻想一时相当流行。不少人以为,几千年前,人类文明刚在地球上萌芽的时候,火星上就已经形成一个技术高度发达的文明社会。然而,在20世纪中叶进入太空时代以后,人类开始真正了解火星了,才最终

明白火星"运河"不过是一种错觉,其实火星上迄今连最低等的生物都还没有找到。

不过,火星在许多方面确实是太阳系中与地球最相似的一颗星球。火星离开太阳的距离是日地距离的1.5倍,火星的公转周期约为地球的1.9倍,自转周期则与地球几乎相同,为24小时37分。火星有着被大气层包围着的固体表面,它的自转轴对公转轨道面的倾角为25°,与地球的23.5°非常接近。因此,火星上也有四季交替和气候变化。

然而,火星大气的主要成分为二氧化碳,几乎不含氧气,而且表面大气压仅与地球上32千米高处相当。火星表面目前没有液态水,更没有海洋、湖泊和河流。火星的平均温度仅为-23℃,由于空气干燥、稀薄,昼夜温差远比地球上的大。

尽管现在火星上的自然条件完全不适合人类生存,然而科学家认为,人类可以对火星的自然条件进行改造。早期到达火星的宇航员,可以尝试在火星上建立温室,栽培绿色植物,利用这些植物的光合作用吸收二氧化碳,产生氧气。这样,数百年后,火星上的氧气就会越来越多,总有一天,火星会变成类似地球的"绿色星球"。

飞速发展的科学技术,使人们有理由相信,在遥远的将来,人类真有可能实现大规模移民火星的梦想。可是在近期,飞往火星依然是一件具有相当难度的事情。以现在宇宙飞船的飞行速度,飞往火星的宇航员要在太空中忍受9个月的长途旅行,才能到达这颗红色星球,而加上在火星上逗留的时间以及回程时间,整个行程至少也得历时3年。这比到月球上去要难上百倍。

对于如何登陆火星,存在着两种意见。一种意见认为应该直接从地球上发射飞船,飞往火星。这样,不仅进度快,费用也低。他们主张可以先把人送到地球上空的空间站,再从那里发射火星飞船。另一种意见认为,可以把登月作为登火星的前奏和预演,科学家在登月以及随后开发月球基地的过程中,会遇到一系列难题,这些难题在登火星时同样会碰到。只有解决了这些难题,登火星才有可能顺利实现。同时,月球的引力较小,从月球上发射宇宙飞船会更加方便和便宜。

把宇航员送上火星,队伍需要扩充,一次飞行只有2到3名宇航员肯定是不够的。3年之中,难免出现生病、遇险等意外情况,这就需要有足够的人员储备。另外,宇航员的心理素质也必须能承受如此长时间的飞行,而在月球上相应的长期生活和锻炼,是最好的实际演练。

人类尽管在30多年前就已经登上了月球,但正如一位科学家所说:"我们现在认识到,我们还不知道如何建造能够工作足够长时间的飞船,并且不知道如何在长达3年的火星飞行中保护其中的乘员。这实在是太大的一步。从现在开始花10年的时间准备登月,将让我们学会应对这些事情,并且也能验证我们是否已经学会了应对这些事情。然后我们就能使用这些新的知识,准备在又一个10年之后登上火星。"

这两个10年,很可能还是过于乐观的估计。不仅宇航员需要培训,新飞船也要试验。例如,美国正在研制作为国际空间站交通工具以及用于登月、登火星的新的飞船。在这种新飞船投入火星飞行之前,必然要先用于国际空间站和登月。登月和登火星对飞船的硬件有很多类似的要求,如果在登月时获得成功,无疑将事半功倍。

因此,不少科学家倾向于把月球作为人类未来火星飞行的出发站。如果人们已经在月球上空建起了月球空间站,那么如前面所说,它将成为登月的中转站。在这种情况下,很自然地,火星飞船也将从月球空间站上起飞。想得更远一些,将来月球太空城建成了,人类又在地球与月球间以及月球与火星间频频往返,月球太空城就是前往火星的一块跳板(图4-8)。

图 4-8 想象中从月球飞往火星的飞船整装待发

航天港和航天基地

　　未来的月球空间站或者太空城，一方面担负着地月间飞行的中转任务，另一方面还要作为人类飞向火星的出发站，因此，它们必须拥有能为各种航天器提供发射、维修和补给设施完善的航天港。

　　未来的空间站，如同地球上的汽车站、火车站、港口和飞机场等交通中心一样，是设置在太空中的多用途航天中心，是迎送宇航员和太空物资的长久性太空基地。在这样的太空站上，担负着各种航天器停泊、发射、维修和补给任务的航天港，将是其重要的组成部分。

　　即使是最原始的空间站，也不能没有宇宙飞船的停泊装置。苏联在20世纪70年代建造的第一代"礼炮号"空间站，有一个专供宇航员进出的对接舱，用于与载人飞船对接。宇航员通过对接口进出载人飞船。20世纪70年代后期和80年代早期的第二代"礼炮号"

空间站,有前后两个对接口,可以同时与两艘宇宙飞船对接。

20世纪70年代美国"天空实验室"的轨道舱与外界空间隔着两层大门,内层是专为宇航员进出准备的过渡舱,外层即对接舱,对接舱也有两个对接口。

苏联在1986年开始建设的"和平号"空间站,也设置了两个分别用来与载人飞船和运货飞船对接的对接口。在"和平号"运行的15年间,这两个对接口共与31艘"联盟号"载人飞船、62艘"进步号"货运飞船实现了对接。美国的航天飞机也曾与"和平号"进行过多次对接。

这里需要说明的一点是,宇宙飞船和航天飞机在空间站上的停泊,与飞机停泊在地面飞机场上是完全不一样的。太空中一是没有重力,二是没有空气。因此,空间站上用于停泊宇宙飞船和航天飞机的对接口,实际上是一种系泊装置,一旦这些航天器停泊好,必须立即用紧固器件把它们与空间站紧紧地连接在一起,以免它们飘离空间站,甚至与空间站发生碰撞。另外,用于系泊载人飞船和航天飞机的对接口,还必须有气密装置,以便宇航员进出空间站。

以上这种系泊装置,只能说是未来太空城上航天港的雏形。这些系泊装置,都仅仅是用来系泊空间站本身的运载器的。系泊在它们上面的,无论是货运飞船,还是载人飞船和航天飞机,都只是空间站本身的运载器。

然而,未来的太空航天港,将不仅仅用于系泊本身的运载器,在它上面系泊的,将还有用于不同空间站之间的太空渡船和太空机动艇,用于登陆月球的月球着陆器,用于飞往火星的火星飞船等等。此外,未来的太空航天港,还将担负这些航天器可能需要的维修、补给任务。随着任务的扩展,太空航天港的规模也将大为扩充。

太空渡船是沟通各个空间站和太空城的运输工具,用以运送人员和各种物资,并回收太空中的各种飞行器及其部件和构件。太空渡船是一种只在太空中飞行的可多次使用的航天器,不穿越大气,

无气体动力作用,不需要气体动力部件,因此它的外形与航天飞机不同,没有机翼和尾翼。

太空渡船的船体要有足够的强度和刚度,能承受各种力的作用,能经得起震动。渡船的外壁要能够抵御宇宙物体的撞击和各种宇宙射线的辐射。太空渡船的对接装置用来与太空站或太空城上的对接口对接,对接后不仅要求两者连成一体,而且还要能进行物资的递送、能源的补给和人员的进出。太空渡船的动力装置,可以用压缩气体或液化气体推进,或者用化学燃料推进。

还有一种太空机动艇,是沟通空间站或太空城本体与附设在外部的平台之间的重要运输工具。它们小巧灵活,机动能力强,通常用压缩气体或液化气体推进。

未来太空城的航天港,通常将建在城的轴心处,那里不随太空城的外围部分一起转动,或者转速很慢,因此便于航天器与对接口对接。现在的空间站,包括国际空间站,与它们对接的航天器飞行轨道必须同空间站的飞行轨道大致在一个平面内。然而在未来的太空城上,具有不同轨道平面的航天器的系泊技术问题终将获得解决。

未来的太空航天港,将增加机库、服务设施、推进剂存放库和加注设备、居住舱等,形成多功能的大型航天基地。它们还将建有机械、电子加工和修理工厂,以适应维修航天器的需要。

未来的月球太空航天港将是各种"船只"、人员往返月球的活动中心,也是负责检查、修理、补给这些"船只"的中心。这些活动所需要的各种物资,如维修所需的零部件和补给所需要的各种燃料、油料、氧化剂和推进剂,初期需要预先从地球运上去,但随着月球的开发,将逐步转为利用月球资源生产,然后送上月球太空城。

人类在月球开发初期的登月方式,应该会延续"阿波罗号"飞船的方式,即飞船的主体并不在月球上着陆,仅从飞船上分离出一个登月舱,宇航员乘坐登月舱登陆月球表面。

对于"阿波罗号"系列登月来说,每次登月的宇航员在月球上活动的时间都很短暂,最长的也不超过 24 小时。在这种情况下,当然没有必要为每一次登月专门建立一个登月舱的着陆基地。这些登月舱着陆时只需要 片平坦的土地,并且在重新起飞返回飞船时,也不需要作任何维修和补给。

人类要开发月球,登月就会日益频繁。月球上将要重点开发的地点,经常会有人在那里登陆,并滞留很多天进行开发活动。这时,在那里建立一个基地就是必不可少的了。

那时候,登月的人数不再是两三个,可能会有五六个或者更多,而随登月舱返回飞船运送物资的只是一两个人,其余留在月球上的人们就得要有住处,单单因为这个原因就需要建立一个基地了。

登月舱必须检查和维修。这种检查和维修可以在登月舱与飞船在太空中对接时做,可是那样宇航员就得走出飞船进行太空行走,相比之下,把这些工作放到登月舱在月球上着陆后在月面上来做,要安全和方便得多。因此,这个基地需要具备检查和维修登月舱的能力,并从而成为一个航天基地。

随着月球的开发,就需要有专门的货运飞船从地球向月球运送物资,相应地,就需要有能够接纳货运飞船着陆和起飞的航天基地。另外,在那时,很可能也会有一部分载人飞船直接在月球上着陆,因此这时的月球航天基地还必须有接纳载人飞船的能力。

更远一些,在月球开发全面展开以后,火星开发也已经开展了起来。这时人们把月球作为跳板,飞向火星的飞船可能从月球空间站出发,也可能会从月球表面出发。在后一种情况下,月球上的航天基地还将要担负起发射火星飞船的任务。这样的一个航天基地,各方面的设施和装备都将是十分完善的。

在地球上,一个航天发射中心,主要包括如下的组成部分:测试区是对航天器进行技术测试的地方;发射区是发射航天器的地方;指挥控制中心担负着发射时的指挥控制、数据处理、安全控制等工作;测控、通信、气象、勤务保障系统主要担负着航天器发射时的跟

踪、测量、控制与通信、气象等勤务保障工作。

例如,中国的酒泉卫星发射中心,位于祁连山以北数百千米的大漠深处,是中国最早的航天发射场,也是"神舟"系列载人飞船升天的地方。酒泉卫星发射中心区域宽广,主要有测试区、发射区以及各种测控设备和保障设施。除完善的配套设备外,它还有火箭装配检测厂房、发射台、勤务塔等。垂直总装厂房高达93.5米,是亚洲最高的单层建筑。发射场的光学装置、遥测设施和雷达站对航天器进行跟踪测量,将所获得的各种数据传给指挥中心。

由于月球与地球的自然条件有很大差别,使得航天器发射和着陆的方式会随之有很多不同,因此未来月球的航天基地(图4-9)在设施上也会有不同的要求。例如,月球引力小了很多,这使得从月球上发射飞船不像在地球上那样需要巨大的运载火箭,于是就不必像

图4-9　月球上的航天基地想象图

在地球上那样需要高大的发射塔。月球上没有大气,月球航天基地也不用像在地球上一样必须有气象保障系统。然而正因为月球上没有大气,而且几乎没有磁场,来自太阳的带电粒子流会毫无阻挡地袭击月球,所以在月球航天基地内,需要有太空大气预报系统,随时监视太阳上的活动并发布预警报告。

月球航天飞行控制中心

飞机在空中,一举一动都得受地面控制,空管局就是管这件事的。每个空管局都有自己的管制区域,值班人员时刻盯住每一架在自己管制区域内飞行的飞机,及时向它们发出必要的指令。任何一点疏忽,都有可能招致飞机相撞之类的惨剧。

航天器在太空中的飞行,也得受航天飞行控制中心的绝对控制。每一艘航天器的发射时间、运载火箭发动机的工作持续时间、火箭与飞船的分离时间、飞船的入轨控制以及飞船的飞行轨道等,都不能有一秒钟的差错。不然,同样可能会发生船毁人亡的惨剧,或者甚至于进入太空后与地面失去联系。

在月球开发的初期,月球上的航天飞行只能由地球上的航天飞行控制中心代管。但是,随着月球航天活动日益繁忙,将来势必要在月球上建立起自己的航天飞行控制中心。到那时,飞往月球的飞船在飞入月球航天管制区之后,地球上的航天飞行控制中心就将把这艘飞船交给月球航天飞行控制中心实施控制。

未来月球航天飞行控制中心的工作非常复杂,它不但要管直接在地球与月球间飞行的飞船,还要管月球空间站在绕月轨道上的飞行,以及月球空间站与地球之间、月球空间站与月球之间各种航天器的飞行。月球上各开发基地之间的空中交通,也要归它管理。

未来月球上各开发基地之间的交通,可以用高速月球车,其时速可达数百千米。为此,就需要在月球上修建高速公路。但是,也很可能会出现一种月球飞机,在各开发基地之间穿梭飞行。月球上没

有空气,因此月球飞机必须使用火箭发动机作为动力。它们与宇宙飞船不同的是飞行路线是亚轨道,即不需要进入绕月飞行轨道。这种月球飞机的飞行,也得由月球航天飞行控制中心来管理(图4-10)。

更进一步,当月球成为人类飞向火星的出发地的时候,月球航天飞行控制中心还将担负起火星飞船的飞行控制任务。火星飞船的飞行距离远,为了保持与火星飞船的通信畅通,月球飞行控制中心将配备强大的无线电发射和接收天线。

走进地球上的航天飞行控制中心,首先映入眼帘的是显示航天器飞行状况的大屏幕,还有一排排的电脑,电脑前的监控人员时刻注视着电脑屏幕显示的航天器上各个系统、各种仪器的工作状况,捕捉每一点异常或疑问,以便及时地采取措施予以纠正。

未来的航天飞行控制中心,将具有极高的自动化、智能化程度,尽管担负的任务复杂程度远远超过今天,但绝大多数问题将能由电脑按预设的程序自行处理,仅当电脑遇到极少数无法自行处理的问

图4-10 设想中的月球飞机没有机翼和尾翼,且用火箭发动机作为动力

图4-11 未来的月球航天飞行控制中心

题时,才需要人去干预。

现在地球上各航天大国都有自己的航天飞行控制中心,整个世界并没有一个统一的管理机构和管理制度,更没有统一的航天飞行控制中心。随着人类航天活动越来越频繁,各国的相互合作势必会越来越加强,也许就会像今天的航空领域一样,订立完善的航天飞行控制合作协议,把各国的控制中心联结成一个统一的网。

人类开发月球时,不应再多走弯路,各航天大国应该为开发月球订立一个统一的规划,并通力合作地予以实施。未来的月球航天飞行控制中心,应该是整个月球统一的,不该有什么国籍。任何国家的航天器,进入它的管区都将由它来实施飞行控制。

未来的月球航天飞行控制中心(图4-11)设在什么地方?由于月球总是用同一面对着地球,为了便于对来往于地球和月球之间的航天器实施飞行控制,它当然应该设在月球上向着地球的一面。它也可以设在未来的月球太空城中,这样也许会更有利于对月球附近太空中的航天器实施飞行控制。

人类通往宇宙的大门

　　月球上的重力只有地球上的1/6,摆脱月球引力场的束缚要比摆脱地球引力容易得多。在月球上发射宇宙飞船,只需用一节火箭即可飞离月球。因此,未来的月球,不但是人类飞向火星的跳板,而且可以作为飞往太阳系其他行星以至飞出太阳系的出发站。

　　太阳系里的其他行星与火星不一样,那里的自然条件虽然各异,但都根本不适合人类生存,甚至不允许人类登上它们的表面。

　　例如,金星离开地球最近的时候,比火星离地球最近的时候还近。金星浓厚的大气层中96.5%是二氧化碳,温室效应使其表面的气温高达约500℃,而且无论白天黑夜都是如此。再如水星,它是离太阳最近的行星,自转很慢,那里一天的长度相当于地球上的176天。强烈阳光长时间的炙烤,使得它的向阳表面温度高达420℃,而背着太阳的黑暗面温度又可降到-173℃。

　　至于木星、土星、天王星、海王星,它们一颗比一颗离太阳远,太阳光照到这些行星上已经很微弱,提供不了多少热量。其中离太阳较近的木星,大气温度已低达-140℃。而且,这些行星都是气体行星。木星的大气层厚达1400千米,成分主要是氢和氦。在如此厚的大气层下,气压已高达地球表面大气压的1000倍。然而,那里也不存在像地球这样的固体表面,只有深达几万千米的液氢海洋。

　　因此,除了火星之外,太阳系内的其他行星,无一能让人类在其表面着陆。不过,人类还是可以坐着宇宙飞船,到它们近旁进行研究。人类已先后向这些行星发射多个无人探测器,将来在一些重大技术问题解决以后,很可能会向它们发射载人飞船。

　　更远一些,人类还渴望着能够飞出太阳系。然而,这在目前还有着无法克服的技术难题。离地球最近的另一颗恒星,与我们的距离是日地距离的27万多倍。这一距离,连每秒钟行进30万千米的光也要走4年多,按目前宇宙飞船的速度飞越这段距离,就要花上好几万年。

飞往太阳系以外的飞船,必须在动力上有根本的改进。这些飞船,能在很长的一段时间内不断地加速,直至其飞行速度达到光速的几分之一,甚至接近光速。

有一种方案是采用核裂变火箭。这种火箭采用放射性元素原子核的裂变作为动力,利用它们裂变时产生的高速粒子作为推进剂来不断加速火箭,最终可达到每秒 1.8 万千米,约为光速的 6 %。然而,这样的火箭飞到最近的另一颗恒星,依然需要好几十年,所需的核燃料将多达约 200 万吨。

另一些设想中的火箭如核聚变火箭、反物质火箭等,同样存在这个问题。要生产那么多核燃料,代价是十分巨大的,而反物质,更是只能在实验室里极少量地制造。况且,火箭携带这么多核燃料,还飞得起来吗?

有可能实现的是用光帆作动力的飞船。在太阳系里,依靠太阳光的推动,光帆飞船可以加速到每秒 60 多千米。但是,一旦光帆飞船飞得离太阳很远,太阳光也就不再能起推动作用了。为此,可以设想建造一台强大的激光器,用激光继续照射光帆,可以使光帆飞船最终加速到光速的几分之一。为此发射的激光光束,必须有极好的准直性。地球大气会使发射出去的激光受到扰乱,破坏光束的准直性,使之在通过比太阳系中最远的行星还远得多的距离之后,截面积就会变得非常巨大,单位面积上的光量就变得微不足道,也就无法再推动光帆加速前进了。因此,这样的激光器只能放在月球上。

当然,真正要实现这个梦想,还有十分漫长的道路要走,而开发月球,正是这一切的序幕。

现在,让我们再次回到月球上。登月飞船满载着来自地球的旅客,刚在航天中心的停机坪上着陆,就有一辆月球车开到飞船旁边,伸出对接口,与飞船对接起来。这辆月球车有着完善的密闭设施和空气调节装置,因此通过对接口进入月球车的旅客们不必穿上航天

服。月球车开到航天中心的服务大楼前,对接口又与服务大楼对接起来,把旅客们送进去。

在地球上,乘坐国际航班的旅客,下了飞机走出机场之前,必须接受海关的检查。随着人类月球开发活动的全面展开,在未来的月球上无疑也需要建立一个海关。所有从地球来到月球的旅客,都必须持有月球海关的签证,才能走出月球航天中心前往各月球村。而在此之前已经在月球太空城里接受过类似的严格检查的旅客,则可以持月球太空城的签证享受免检待遇。

在未来的月球上,最早建立起来的,将是各个国家的科学考察站。那时候,人们还不能在月球上就地取材,这些科学考察站的物资、装备和补给,都得从地球上运来。如果对此不加以统一管理,那就会对月球和月球附近的太空安全造成很严重的后果。例如,太空垃圾会影响航天器的安全运行,乱建基地会破坏月球环境,把地球上的病菌带上月球会造成人际传染,这些都需要有一个机构统一进行管理协调,以维持良好的秩序。

在月球开发全面展开以后,人类必须有序地、可持续地利用月球上的资源,而决不能再像对许多地球资源的开发那样竭泽而渔、形同掠夺。开发基地的建设,无论是数量、布点、规模,都必须加以控制,把减少资源消耗放在第一位。所有这一切,没有一个统一的管理机构,也是断然不行的。在更遥远的未来,月球上建立了大规模的综合性科学考察基地、航天基地、矿产加工厂、旅馆、医院,通过月球往返火星也变得十分频繁,那就更需要有一个月球海关来统一管理人们在月球上的活动了。

人们对月球和火星的开发,终将取得巨大的经济利益。在这种情况下,某些人的私欲就会膨胀,从而使犯罪活动向太空和月球蔓延。这时候,月球海关将起到预防、阻止和打击犯罪活动的作用,并将按照国际条约和协议来协调和保障各国的利益。

未来的月球,需要有一个国际共同管理组织,它或许会隶属于联合国,可以叫做"月球事务管理委员会"。"月球海关"(图4-12)将是这个管理委员会在月球上设立的执行机构。当然,它也可以不叫月球海关,而冠以其他更合适的名称。

月球海关要做的事情非常多。除了保证人员和货物能安全顺畅地出入,为月球开发创造一个良好的发展环境外,月球海关还是阻止传染病在不同的星球之间传播的一道重要屏障。地球上的人类也许会对在月球村和月球太空城环境中发生了变异的病毒完全没有抵抗力,而长期生活在月球村洁净的人造空气中的人对地球上各种病菌和病毒的免疫力也会变得极差。月球海关将对地球上发生的各种疫情了如指掌,其先进的检测设备,可以提前检验出各种可疑病毒。

随着未来月球资源的开发,肯定会有人冒天下之大不韪,例如,把月球上开采出来的一些地球上没有的稀有矿藏,私自携带出月球,以期到地球上卖个好价钱。面对更严重的威胁,如个别组织图谋霸占月球、恐怖分子利用月球威胁地球,月球海关还将需要建立一支警察、缉私队伍与犯罪分子作斗争。

图4-12　月球海关对入境人员进行各种检查的想象图

　　月球海关将在月球上的每一个开发基地，包括每一个月球村、航天港以及位于太空轨道上的太空城，建立派出机构，负责那里的管理工作。月球海关的工作人员，包括那些检疫员、报关员，像月球航天飞行控制中心里的调度、领航人员一样，很可能都是机器人。与人类相比，它们不知道疲倦，不会出差错，也没有心理问题，更适应月球上枯燥、繁忙的工作。

图5-1 想象中的月球天文台

第五章　月球天文台

向多波段发展的天文学

　　天文学是一门古老而又年轻的科学,天文台则是天文学研究的基地(图5-1)。无论在中国还是西方,早在二三千年前,天文观测都已经相当发达。然而,直到17世纪初,人们还只是用肉眼来观测星星。那时候最杰出的天文观测家第谷(Tycho Brahe),在丹麦的一座小岛上坚持天文观测21年,所测天体位置的精确度几乎达到了肉眼观测的极限。年轻的德国天文学家开普勒正是利用这些观测资料,发现了行星运动的三大定律。

　　1608年,荷兰有一位眼镜商的学徒,无意中把一块凸透镜与一块凹透镜一前一后置于一条直线上,发现远处的物体通过这两块透

镜看上去变得很近，看起来也更清楚了。意大利物理学家伽利略（Galileo Galilei）听说了这件事，立刻想到可以用这种方法来观测天体。从此，人类用望远镜观测天体的时代开始了。

从伽利略开始，其后的 200 多年里，观测天体的天文望远镜无论在结构上还是大小上，都有了很大发展。人们用天文望远镜，不但看到了许多原来用肉眼看不到的暗弱天体，而且得以看清楚许多天体的细节，有了许多新发现。

1865 年，英国物理学家麦克斯韦（James Clerk Maxwell）建立了电磁理论，阐明光是一种电磁波，而电磁波可以有非常宽的波长范围，肉眼可以见到的光（简称可见光）只是其中很窄的一个波段——波长从 400 纳米到 750 纳米（1 纳米是 1 毫米的 100 万分之一）。1888 年，德国物理学家赫兹（Heinrich Rudolf Hertz）发现了无线电波，这是电磁波中波长远比可见光长的一个很宽的波段（波长从 0.35 毫米到 1000 千米以上）。

美国的天才发明家爱迪生（Thomas Alva Edison）知道赫兹的发现以后，就猜测太阳除了发出可见光以外，也应该发射无线电波。但是直到 1931 年，美国无线电工程师央斯基（Karl Guthe Jansky）才接收到了天体发射的无线电波——天文学家称为射电波。后来央斯基判明，这些射电波并非来自太阳，而是来自银河系的中心。

爱好天文的无线电工程师雷伯（Grote Reber）看到央斯基发表在无线电杂志上的论文，就专门建造了一架口径 9.45 米的抛物面接收天线，观测银河系中心的射电波，并把论文发表在天体物理学杂志上。

雷伯的论文打开了观测宇宙的又一扇窗户，天文学家知道了观测宇宙除了"可见光"这扇窗户以外，还有一扇更大的"射电"窗户。从此，天文学的一门重要分支学科——射电天文学诞生了。

那么，为什么央斯基不是首先发现离地球较近的太阳的射电波呢？原来，太阳平时的射电辐射十分微弱，以当时射电望远镜的灵敏度很难观测到,只有当太阳上出现剧烈的活动(例如大黑子群)时,才会有强大的射电波发射出来。

现代的射电望远镜,接收天体射电的灵敏度和分辨率都有了极大的提高。射电天文学迅速取得的一系列成果,鼓励了天文学家向电磁波的其他波段进军。可是他们的这种渴望受到了地球大气的阻碍。

电磁波除了可见光和无线电波这两个波段以外,还包括红外线(波长从 750 纳米到 0.35 毫米)、紫外线(波长从 0.1 纳米到 400 纳米)、X 射线 (波长从 0.2 皮米到 10 纳米,1 皮米等于 1 纳米的千分之一)、γ 射线 (波长从小于 0.1 飞米到 10 皮米,1 飞米是 1 皮米的千分之一)。地球上的大气几乎把这些电磁波都挡住了,可以到达地面的只有可见光和靠近可见光的近紫外线、近红外线(从 300 纳米到 22 微米,称为"光学窗口")以及无线电波(从 1 毫米到 30 米,即"射电窗口")。(图 5-2)

天文学家曾经使用高空气球和发射火箭,突破大气的阻碍,观测天体发射出的其他波段的电磁波。可是,火箭工作的时间短暂;高

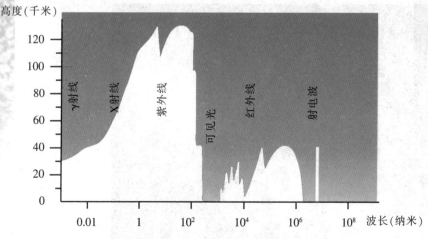

图5-2 不同波段电磁波穿透地球大气的深度

空气球工作的时间虽然较长一些,但还是很有限,另外高度也受限制。

1957年,苏联发射了第一颗人造地球卫星,标志着人类进入了太空时代。1970年,美国发射了第一颗X射线天文卫星;1972年,欧洲航天局发射了第一颗紫外天文卫星;同年,美国发射了第一颗γ射线天文卫星;1985年,美国、荷兰和英国联合发射了第一颗红外天文卫星。天文学家对天体进行全波段观测的梦想,终于全面实现了。

目前,在太空中,除了哈勃(Hubble)空间望远镜主要是接受天体辐射的可见光之外,还有好几架工作在非可见光波段的空间望远镜正在运行,例如1999年美国发射的钱德拉(Chandra)X射线空间望远镜,2002年美、欧联合发射的国际γ射线空间望远镜(INTE-GRAL)和2003年美国发射的斯必泽(Spitzer)红外空间望远镜(图5-3)等。

现在,红外天文学、紫外天文学、X射线天文学和γ射线天文学都已成为天文学的重要分支学科。研究各种天体在这些波段的辐

图5-3 斯必泽红外空间望远镜

射,大大地丰富和深化了人们对它们以及整个宇宙的认识。

在月球上建造天文台

光线通过大气时会发生曲折,这种现象称为大气折射。大气折射与大气的密度有关,密度越大,折射得越厉害。在地面附近大气流动的时候,密度忽大忽小,星光受到的折射也就跟着不断变化,从而看上去像在不停地闪烁。当我们用望远镜观测一个有视面的天体时,视面上的各点实际上都在按照各自不同的步调跳跃,从而使整个天体成像在一定程度上变得模糊起来。

大气折射还会改变星光射向我们的方向,使得我们所看到的天体在天空中的位置,略微偏离它的真实位置。对于天文学的精密测量来说,这一偏离乃是重要的误差来源,会使得对天体位置、运动和距离的测量变得不准确,尤其当天体的距离很远时更是如此。

除了折射,地球大气对光线还有另一种作用,即散射。光线的波长越短,越容易被大气散射。人们白天看到的天空之所以是蓝色的,就是因为在太阳辐射的可见光中,波长较短的蓝色光最容易被散射。地球大气对太阳光的散射,使得人们在白天几乎无法看到所有的星星。在夜晚,星光也会遭到大气散射,这样到达人们这里的光能量就减少了,也就是星星看上去没有它应该有的那样亮了,一些本来能够观测到的天体也无法观测到了。

更有甚者,地球大气还会吸收来自天体的光线,使它们的视亮度下降。早晨刚升起的太阳远没有中午的明亮、耀眼,就是因为早晨的阳光要穿过更厚的大气,遭受的散射和吸收比中午严重得多。地球大气对天体光线的散射和吸收都是波长越短越严重,初升的太阳颜色偏红也就是这个原因。同样的道理,人们看到的星星颜色也会变红。地球大气对天体颜色的歪曲,会使人们对天体的认识发生误差。

地球大气对地面的人工光源发出的光线也同样会进行散射,从

而使得夜空变得明亮。如今，像在上海这样的大城市里，夜空的明亮程度已经使得很多天文观测工作无法进行了。

地球大气中，经常会出现浓云密雾，从而使观测天体的可见光变得毫无可能。

正是由于以上这些原因，人们就想到了要把观测可见光的望远镜也放到太空中去。这方面最成功的例子就是1990年4月24日升空的哈勃空间望远镜（图5-4）。它运行于距离地面600千米的高空，摆脱了大气层对天文观测的一切干扰，因此威力远远超过地面上的所有光学望远镜。哈勃空间望远镜的口径只有2.4米，但观测能力比地面上的5米口径望远镜还强得多。十几年来，哈勃空间望远镜环绕地球轨道近10万圈，观测过无数的宇宙现象，拍摄了数十万张珍贵的天体照片，作出了大量具有重要意义的科学发现。

空间望远镜实质上是一颗围绕地球转动的人造卫星，它也存在着一些特有的问题。

安装在地面上的天文望远镜，有着坚固的大地作为依托，从而保证了望远镜基座的稳定性，能按照人们的要求，始终如一地准确指向所观测的天体。空间望远镜则不同，它失去了大地的依托，得依靠自身来维持自己在太空中姿态的稳定性。

望远镜在太空中，姿态很容易在外界因素作用下发生变化。而它的姿态只要稍微有一点改变，望远镜的指向就会随之发生偏差，这对于天文观测来说是完全不允许的。例如哈勃空间望远镜，它有一台专门用来拍摄暗弱天体的照相机，视场是每边14角秒的正方形，即使望远镜的指向只偏了0.1°，对于这台照相机而言，那就已经差得不知道有多远了，根本拍不到所要观测的天体的照片。

在太空中，为了使人造卫星能保持一定的姿态，采用的是一种叫做陀螺仪的设备。陀螺仪中的主要部件是一个高速转动的陀螺，它具有长时间保持转动轴的指向不变的特性。在哈勃空间望远镜中共有6个陀螺仪，但只要有3个陀螺仪能正常工作，就可以使望远镜的姿态保持不变。

　　陀螺仪因为不停地高速转动，成了哈勃空间望远镜上最容易损坏的设备。这架空间望远镜1990年发射升空后，不到3年就已经有两个陀螺仪相继失灵，另一个也只能断断续续地工作。另外，人们还发现，它的太阳能电池板会因受热不均匀产生微颤，进一步破坏了望远镜指向的稳定性。

　　1993年12月，美国"奋进号"航天飞机，载着7名宇航员和7吨重的各种器材，飞向哈勃空间望远镜，对这架望远镜进行维修，其中包括更换了两台陀螺

图5-4　哈勃空间望远镜

仪和太阳能电池板上的驱动控制部件，使望远镜的指向稳定性得到了改善。

　　然而，1997年以后，哈勃空间望远镜陆续又有陀螺仪损坏，到1999年上半年，已经有3个陀螺仪不能工作。这年11月12日，第4个陀螺仪也发生了故障，致使望远镜不得不暂停天文观测。同年12月19日，"发现号"航天飞机前往执行对哈勃空间望远镜的又一次修理任务。宇航员在太空中为这架望远镜忙了3天，把6个陀螺仪全部换掉了，还更换了望远镜上的电脑和某些观测设备。25日，这架望远镜重新开始进行天文观测(图5-5)。

　　2004年1月14日，美国总统布什在美国国家宇航局总部宣布了新的太空计划，提出在以后的一二十年中，要把美国太空活动的重点放在重返月球和登上火星上。在这之后没几天，美国国家宇航

局便在 1 月 16 日宣布，将立即停止对哈勃空间望远镜的维修和供应，以便节省经费、集中精力，实现政府的最新要求。这一决定等于是宣判哈勃空间望远镜死刑。尽管美国国家宇航局已经决定在 2011 年发射一架新的太空望远镜来取代哈勃空间望远镜，可是过早抛弃哈勃空间望远镜的决定还是引起了很大争议，许多科学家挺身而出，为其请命。

2005 年 4 月，美国国家宇航局新局长格里芬走马上任。雄心勃勃的格里芬在 4 月 12 日举行的国会参议院任命听证会上，提出了再次派遣宇航员到太空修复哈勃望远镜的构想，并希望对取消派遣航天飞机修复老化的哈勃望远镜的做法进行重新评估。

不管哈勃空间望远镜的命运究竟如何，这架耗资 30 亿美元、取得辉煌成就的望远镜，在仅仅工作了 15 年之后，就已经面临着这样一种尴尬的局面，实在让人深感遗憾。要知道，在地面上，有些 19 世纪末建造的天文望远镜，现在还在好好地工作着呢！

图5-5　宇航员对哈勃空间望远镜进行维修

这里很重要的一点,就是要给空间望远镜寻找一个像地球一样的坚实的依靠。那样,它们就不再需要有复杂的姿态控制系统,也就不再需要安装陀螺仪了。而且,这样一来,对它们的维修也就方便得多。

哪里能找到这样坚实的依靠呢?当然,那里首先是不能有大气。这样的地方并不难找,那就是月球。把望远镜放到月球上去,不就解决问题了吗?

这确实是一个非常好的主意。

月球上没有大气的干扰,而且月球又能够像地球一样,以它坚固的表面为天文望远镜提供一个巨大、稳定、坚实的基础,望远镜可以像在地球上一样牢固地安装在这个基础上(图5-6)。

把月球表面作为天文望远镜安装的基础,还有一个优点,那就是月球的外壳在地质上非常稳定。月球的外壳没有像地球外壳那样的板块运动,月球的内核已经凝结为固态。因此,月球上"月震"的强度和频繁程度远远小于地震。一般月震的强度在里氏0.5到1.5级,人们即使处在震中,也完全感觉不到。月震每年大约能记录到3000次,相比之下,地球上的地震每年能记录到数十万次。对于精密度极高的天文观测来说,甚至那些人们几乎感觉不到的小地震,也会导致意想不到的误差。在地球上,这种小地震经常发生,而且在很多地方都会发生,很难避免。月球上月震强度小、频度低,对于天文观测当然十分有利。

月球表面的重力小,因此在月球上可以把望远镜造得比地球上大得多。不管是望远镜本身,还是用来安装望远镜的观测室,在大小相同的情况下,在月球上建造起来要容易得多。

尽管月球离开地球的距离比起哈勃空间望远镜来远了600多倍,但如果把同样一架望远镜发射到月球上去,所需的能量只不过是加倍而已。然而,把这样的一架望远镜安装在月球上,其工作寿命将远远超过哈勃空间望远镜。因此,从经济上来说,把望远镜放到

图 5-6　1972 年"阿波罗 16 号"宇航员在月球
上安装第一架天文望远镜

月球上,也是划得来的。

　　很多天文观测项目,需要长时间地连续进行。可是,在地球上,对一个天体连续进行观测的时间,要受到两方面的限制。一方面是昼夜交替,在白天,光学望远镜观测不到除太阳外的几乎所有的天体。另一方面,由于地球自转,天体便有升有落。天体的这种视运动,在地球上的中、低纬度地区,差不多半天在地平面以上,半天在地平面以下。综合上述两方面的限制,在地球上,在某一地点对一个天体的连续观测时间,一般地说最多只有 10 小时左右。

　　在这种情况下,天文学家为了能够长时间地连续观测某个天体或某一天文现象,必须依靠全球不同国家的天文望远镜进行联合观测,像接力赛一样,一地的望远镜不能再观测这个天体了,就由另一能看到这个天体的地方的望远镜接下去观测。可是这样的联合观测带来一个问题,那就是不同的望远镜由于性能不一样,对同一天体的观测会存在系统上的误差,从而有可能使人们对这个天体的认识存在偏差。

　　然而,在月球上,情况就完全不同了。月球没有大气,太阳光不会受到散射,因此即使列日当空,照样繁星满天,照样可用光学望远镜观测天体。月球还有一个很大的优点,它的自转周期长达27天。这样,一个天体升到月球的地平面上以后,差不多要相当于地球上的13天半之后才会落下去。因此,在月球上,某一地点对一个天体的连续观测时间,可长达300多小时。

　　把望远镜放到月球上去,另一个好处就是一旦需要维修,就可以派宇航员登陆月球,在月球上脚踏实地实施维修任务。相比之下,哈勃空间望远镜的维修,宇航员先要把望远镜捕捉到航天飞机的货舱内,然后还得长时间走出航天飞机在货舱内进行操作。虽然登月要比乘航天飞机进入太空来得困难一些,然而宇航员在月球上实施维修任务,要比在航天飞机上更容易,风险也小得多。随着月球的开发,就会有一部分人较长时间留在月球上,维修月球望远镜的任务就可以交给他们,从而使维修变得更加方便。

　　随着月球资源的开发、利用,月球工厂、实验室的建造,在未来的某一天,人们也许能够在月球上利用月球资源就地建造月球望远镜。综合以上所有因素,把天文望远镜建在月球上,确实具有很多的优越性。

　　在人类的月球开发计划中,建造月球天文台已成为一个优先考虑的项目。当然,在一开始,可能只是在月球上安放一架或者几架望远镜。但随着月球开发的进展,更多新型的、大型的、性能极佳的观测设备就会陆续出现在月球上,其中不但有光学望远镜,还有射电望远镜和其他各种波段的观测设备。那时的月球天文台,将成为地球上任何一个天文台都无法相比的最先进的天文台,它为人类认识宇宙作出的贡献,无疑也非今日的哈勃空间望远镜可比。

　　在月球上建造天文台,把望远镜放在月球上,天文学家是不是也都得跟着到月球上去做观测工作呢?

　　其实，即使现在的地面天文台，天文学家们也不必整夜守在望远镜旁。电子计算机已经使得现代的天文望远镜完全可以自动对天体进行观测，天文学家只需坐在显示屏前面监视望远镜的观测情况就可以了。信息技术更是使得天文学家可以远在数千千米之外对望远镜进行遥控观测。互联网使得全世界的天文学家可以在很短的时间内共享观测结果。

　　未来月球上的各种天文望远镜，无疑将采用与空间望远镜相似的运行方式。通常，天文学家可以通过地球上的控制中心进行遥控观测，月球望远镜的观测结果则转换成无线电信号发送到地球上来，再经过解码转换成包含各种天体信息的数据和图像，然后进行研究。

　　毫无疑问，未来的月球天文台，将会对全世界的天文学家和其他相关学科的科学家开放，直接参与其建设并提供资金的国家将获得优先权。月球天文台将会在地球上设立总部进行管理，总部内建有控制中心，负责月球天文台的运行控制。

　　想要使用月球天文台的望远镜进行观测的科学家，首先要向总部申请观测时间。申请人的观测计划一旦通过，其内容随即就会由控制中心编制成一串专门的指令，供地面控制系统执行。到了预定的观测时间，月球上相应的望远镜就会按照指令，自动配备上所需的附属设备，对准目标进行观测。

　　现代化的大型天文台，都设有存放观测数据的档案室（图5-7），未来的月球天文台也是如此。月球天文台的望远镜用计算机把得到的观测数据记录下来，通过无线电波发送给地球上的控制中心，由总部归档。在观测结束后数小时或数天内总部就会给申请相应项目的科学家发送观测数据，供他们优先使用。然而，月球天文台的观测成果是全球共享的，一年半载以后，这些数据就会公开，凡有意使用这些数据进行科学研究的人，都可以通过互联网无偿地从月球天文台总部获得。

图5-7 欧洲南方天文台总部用于存放监测数据的DVD档案室

使用月球天文台的望远镜进行观测,不需要有关科学家亲身前往。通常,他们轮到排定的观测时间时,只需待在自己工作的研究所里等候观测数据。不过,也会有一些科学家亲自到月球天文台总部去,在控制中心跟监控人员一起工作。这些监控人员专门负责监视整个观测过程,以防意外情况发生。有一些实时监测项目,需要有关科学家进行观测的时候守候在监视屏幕前, 及时发现感兴趣的现象。当然,月球天文台总部也可以通过卫星通信把有关观测数据随时传送出来,显示在科学家所在研究所的监视屏幕上。

月球天文台一旦建成, 将会是一座自动化运行的无人天文台。然而,经过相当一段时间的运行之后,其望远镜和其他仪器设备也会出现故障,有关部件可能会损坏,需要更换。因此,需要每隔一段时间,从地球上派遣有关技术人员,去月球上执行维修任务。

随着月球的开发和月球基地的建立,月球上的生活条件会得到改善,这时也可以考虑派少量技术人员常驻月球天文台,以加强对望远镜和其他仪器设备的日常维护,及时地排除一些小故障。这样

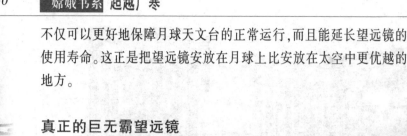

不仅可以更好地保障月球天文台的正常运行,而且能延长望远镜的使用寿命。这正是把望远镜安放在月球上比安放在太空中更优越的地方。

真正的巨无霸望远镜

对于一架天文望远镜来说,最重要的性能指标是什么?很多人以为是放大率,其实却不然。放大率对于一架天文望远镜来说,不是最重要的性能指标,在很多情况下,甚至并没有多大意义。

例如,当我们用天文望远镜观测单颗恒星的时候,就是如此。离开我们最近的恒星,距离比太阳远 27 万多倍。这也就是说,假定那颗恒星与我们的太阳一样大,望远镜的放大率要高达 27 万多倍,我们在望远镜里看到的它才会跟太阳一样大。

天文望远镜的放大率,通常不会超过 1000 倍。它受到两个因素的制约。一个因素是物镜的焦距。放大率越高,焦距就得越长。一般地说,望远镜的焦距做到十几米,就已经很长了,目前还没有把望远镜的焦距做到 100 米以上的。

然而,即使能够把望远镜的焦距做到几百米、几千米长,也没有实际意义,因为放大率的提高还受到另一个因素的制约,那就是望远镜的口径。光具有波动性,光在进入望远镜的时候,这种波动性会导致一种叫做衍射的现象。由于发生了衍射,一个点光源,在通过望远镜后所成的像,将是一个圆形的光斑,光斑的直径与望远镜的口径成反比。一个天体,可以看成是很多点光源的集合。如果天体上的每一点经望远镜成像以后,都成了一个光斑,这些光斑叠合在一起,合成的像将是模糊不清的,放得再大也还是看不清楚。要使成像清晰,不但要提高放大率,而且首先要增大望远镜的口径。

望远镜放大率的提高还带来一个问题,那就是像的面积大了。如果像的总光量保持不变,那么像的单位面积上的光量就减少了,而且是按放大率的平方成反比地减少。也就是说,像看上去大大地变暗了。很多天体,尤其是那些遥远的星云和星系,本来就非常暗弱,如果放大率过高,很可能会使得分到单位面积上去的光量达不到能让我们觉察的程度,也就是说我们根本看不到所要观测的天体。从这个角度来说,对于一架天文望远镜,最重要的性能指标,就是它的口径。如今天文学家们在设想中的"巨无霸望远镜"(Overwhelmingly Large Telescope),口径竟然达到了 100 米(图 5-8)!

事实上,天文学家都是把恒星作为点光源来观测的,没有谁试图依靠提高放大率来观测它们的表面。在这种情况下,就根本不需要有很高的放大率,增大望远镜口径就是为了接收更多的光量,以便看到更暗、更远的恒星。

1609 年,伽利略制造的天文望远镜,口径只有 4.4 厘米。这种望远镜的物镜是个凸透镜,利用光的折射来会聚光线,称为折射望远镜。1668 年,牛顿(Isaac Newton)用一块凹球面的金属反射镜作为物镜会聚光线,制成了一种天文望远镜,称为反射望远镜。

1789 年,英国天文学家赫歇尔(Friedrich Wilhelm Herschel)制

图5-8　欧洲计划建造的"巨无霸"天文望远镜,口径达100米

成了一架口径 1.22 米的反射望远镜。他用这架望远镜作出了一系列杰出的天文学发现,这使得人们认识到大型望远镜对于天文学发展的极端重要性。从 19 世纪以来,人们便不断建造越来越大的望远镜。1897 年,一架口径 1.02 米的折射望远镜在美国叶凯士天文台正式投入使用。1948 年,一架口径 5.08 米的反射望远镜在美国帕洛马山上建成。

近一二十年来,人们在把望远镜送入太空的同时,在地面上也在建造口径更大的望远镜。他们依靠计算机控制技术,把分别来自许多反射镜的光线会聚成单一的清晰的像。1991 年,美国利用这种技术建成了口径 9.82 米的“凯克望远镜”,其镜面由 36 块 1.8 米直径的反射镜拼合而成。1996 年,在这架望远镜旁边,又建成了同样的第二架望远镜。这两架望远镜相距 85 米,用电子计算机和光纤联系在一起,可以结合作为一架望远镜使用。位于南美洲智利的欧洲南方天文台,自 1986 年开始研制由 4 架 8 米口径望远镜组成一架等效口径为 16 米的光学望远镜。这 4 架望远镜已在 2001 年全部建成。

现在,天文学家正在打算建造口径 20 米以上的望远镜。欧洲南方天文台甚至在设想建造口径 100 米的“巨无霸望远镜”。它将由许多较小的镜面组成,每个镜面都是同样的球面反射镜,这些镜面可以分阶段建造和拼接。天文学家会先建造一个 60 米口径的望远镜,看它是否能够正常工作,然后再将其他的部分逐渐拼接上去,组成一个 100 米口径的望远镜。

使用 100 米口径的望远镜,将有可能在一颗邻近太阳系的恒星周围如地球大小的行星上搜寻生命存在的证据。这样一架巨无霸望远镜的建成,或许会让人们最终发现,在浩瀚的宇宙中,确实并非只有地球上才有智慧生物。

目前,已有科学家提出设想,如此的巨无霸望远镜是不是可以建造到月球上去(图5-9)。其实,单从望远镜本身的建造来说,把它

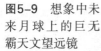
图5-9　想象中未来月球上的巨无霸天文望远镜

建在月球上,在技术上很可能反而更容易一些。主要的障碍是大量部件和建筑材料的运输,需要花费极大的代价。但可以相信,将来运输问题解决了,或者能够在月球上就地取材,月球上一定会建起真正的巨无霸望远镜,也许其口径还不止100米!

搜寻外星智慧生物

1977年8月15日,美国俄亥俄州立大学的天文学家埃曼(Jerry Ehman)在使用名为"巨耳"的射电望远镜观测人马座方向的天空时,吃惊地接收到一个奇怪的信号。这一信号持续了37秒,其奇怪之处在于有规律地组成了"WOW"三个字母,而且其无线电波段极其狭窄,在1420兆赫附近小范围内波动。

如果是天体自然发出的射电辐射,那么它应该是一种无序的信号,何况天体的自然辐射波段也要宽得多。这架射电望远镜当时所指的方向,有一颗离地球220光年的恒星。会不会在这颗恒星旁边,有一颗类似我们地球的行星,这一信号就是这颗行星上的智慧生物向我们发出的联络信号?

如果真是这样,那么发送这一信号的无线电装置也必定威力无比,功率大得让我们难以想象。但我们不妨暂且假定,发送这一信号的智慧生物就生活在这颗恒星旁边的行星上。

我们地球上的人类,就曾经干过这样的事情。1974 年,科学家使用位于波多黎各的直径 305 米的阿雷西博射电望远镜(图 5-10)反复发射了一串带有地球人类信息的无线电信号,发射的方向是武仙座中一个离开我们 2.5 万光年的球状星团 M13。这种球状星团含有大量质量小于太阳的恒星,据认为存在外星人的可能性相对来说要大一些。如果这个星团内某一颗恒星周围真有外星人,而且它们

图 5-10 位于波多黎各山谷中的直径 305 米的阿雷西博射电望远镜

真能接收并破译这些信号,然后再发来回电,那么人们也要到5万年以后才有可能接收到。

科学不能凭空想象,它需要证明。"巨耳"接收到的奇怪信号究竟是怎么一回事,28年过去了,还是没有答案。那以后,一些天文学家用射电望远镜对这一天区多次扫描,却都未再接收到这种奇怪信号。但这一事实并不能说明这一信号一定不是来自外星文明。只要想想"巨耳"一次只能观测到百万分之一的天空,外星文明所用的发射装置也可能同样地一次只能向百万分之一的天空发送信号,那么再次捕捉到这一信号的可能性也就微乎其微了。

不过,也有很多科学家认为,这个信号极有可能是地球上的无线电波干扰。在现在的地球上,要想找一个绝对不会有无线电波干扰的地方,恐怕真比登月还难。尽管有国际条约规定,有一些无线电波段任何人不得用来进行信息传输,专门留给射电望远镜观测天体使用,例如1420兆赫附近的波段就是如此。可是,一纸条约就能约束住全世界每一个人的行动吗?何况,在如今这个时代,无线电通信实在已经算不得什么高科技,早已成了很多人的业余游戏。

确实,绝对不会有无线电波干扰的地方,只能到月球上去寻找了。幸好,月球始终用同一面对着地球,于是,如果人们把射电望远镜放到月球的背面,那么月球本身就成了地球上一切人为的无线电干扰的最好屏障。

科学家们确实已经提出,要在月球背面建造巨大的射电望远镜。它将建在月球背面靠近月球赤道的地方,这才有可能对整个天空进行观测。月球上有的环形山直径可达几十千米到一二百千米,而环形山的周壁高达数千米。把射电望远镜建在这种环形山的内部,可以依靠它的周壁,把人类在月球上活动产生的无线电波干扰屏蔽掉。

在这种环形山的内部,地势相当平坦,有着足够大的空间,不但可以建造单架口径几百米甚至上千米的射电望远镜,而且可以在里

图5-11 安置在月球环形山内的巨大射电望远镜想象图

面布下那种由数十架甚至几百架较小的射电望远镜组成的射电望远镜阵。这样的射电望远镜阵比较容易制造,而灵敏度则大大提高,分辨率更是无以伦比。环形山中余下的空间,还可供望远镜将来进一步扩充和发展(图5-11)。

当然,随着月球上人类活动的增多,还可能需要对月球上的无线电通信作出适当的限制,以免引起月球无线电环境的恶化。科学家们已经考虑到这个问题,他们提出要在月球上保留一个专门用于开展科学研究以造福人类的区域。未来建在月球背面的特大射电望远镜,将不但可用来搜寻外星智慧生物,而且也是探索宇宙的利器。

超长基线的射电干涉仪

射电波段是一个非常宽的波段, 但是只有波长为0.3毫米到30米的射电波才能穿透地球大气层到达地面。宇宙中的天体,很多不仅发出光波,而且还会发出射电波。为了对天体的性质有全面的认识,天文学家不仅需要光学望远镜,而且需要各种波段的射电望远镜,如米波望远镜、厘米波望远镜、毫米波望远镜、亚毫米波望远镜等。

射电望远镜接收的射电波的波长远比光波长,这使得射电望远镜接收射电波的反射面加工精度可以远比光学望远镜低,因此更容易制造。米波和厘米波的射电望远镜反射面,甚至可以不是完整的光滑面,而是由金属网或金属桁架构成。于是,射电望远镜就可以做得很大,口径达到几十米是很普遍的。

　　射电望远镜因为口径大,灵敏度非常高。可是,射电波较长的波长,却大大降低了射电望远镜的分辨率,也就是看清楚天体各部分细节的能力。望远镜的分辨能力,不仅与它的口径有关,还与它接受的电磁波波长有关。波长越长,分辨能力越差。例如,用口径30米的射电望远镜观测21厘米的射电波,角分辨率只有半度光景。如果人的眼睛分辨率也只有这么高,那么人们看月亮,不管是娥眉月还是满月,除了亮度有差别,就都只是模糊的一团光斑,连是圆是缺都看不清楚。

　　为了提高射电望远镜的分辨率,天文学家利用波的干涉原理,用馈线把相隔一定距离的两架射电望远镜连接在一起,并把它们同步接收到的同一天体的射电信号送到同一台接收机中去处理,即组成所谓的"射电干涉仪"。这可以使射电望远镜的分辨率大大提高。比如说,这样的两架射电望远镜相距500米,那么,它们连接在一起组成的射电干涉仪的分辨率,就和一架500米的射电望远镜一样,如果用来观测21厘米的射电波,其角分辨率就可以提高到1/30度,大致跟人的肉眼相当。

　　能不能把射电望远镜的分辨率进一步大幅度地提高呢?当然可以,把两架射电望远镜之间的距离或者说基线再大大地延长不就行了吗?射电天文学家们想到,可以用两台接收机,分别接收来自同一天体的射电信号,同时也记录下接收到这些信号时由原子钟指示的时间。观测结束以后,把两台接收机记录的信号一同送交专门的电子计算机进行处理。这时,可以依靠同时记录下来的原子钟时间,使得两架射电望远镜接收的信号实现同步,从而发生干涉。这样一来,两架射电望远镜之间的距离就可以相隔很远,达到几千千米,甚至上万千米,射电望远镜的分辨率也就大大地提高了。

　　这种射电观测技术,叫做甚长基线干涉测量。由两架射电望远镜组成的甚长基线干涉测量,只有沿着基线方向一维的高分辨率。为了得到天体二维的高分辨率射电图像,可以用多架射电望远镜构

成多条不同方向的基线,组成甚长基线干涉测量网。一个甚长基线干涉测量网所包含的射电望远镜越多,而且基线越长,分布越合理,就能得到越清晰的图像。现在,国际间已经组成了好几个甚长基线干涉测量网,它们的分辨率已经远远超过哈勃空间望远镜,最高可以达到1°角的亿分之一,相当于能看清楚1000千米以外的一根头发丝。

在地球上,甚长基线干涉测量的基线长度受到地球直径的限制,不可能无限制延长。要进一步延长基线,只有把射电望远镜发射到太空中去。1997年,日本把一架口径8米的射电望远镜发射到太空中,成为绕地球转动的太空甚长基线干涉测量卫星,离地球最远时高度为2.1万千米。它与地球上的射电望远镜构成的基线长度,可达地球直径的大约两倍(图5-12)。

现在,这颗卫星的姿态已经失去控制,不能再进行天文观测。日本和一些国家的科学家正计划发射一颗新的口径10米的太空甚长

图5-12 太空甚长基线干涉测量系统示意图

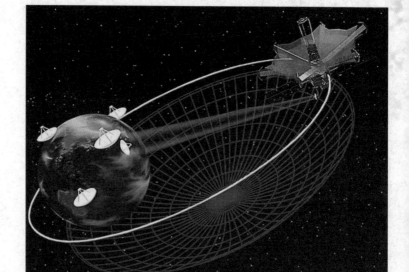

图 5-13　想象中月球上的一个射电天文台,右侧远处有一台安装在环形山内的巨大射电望远镜

基线干涉测量卫星,预计它离地球最远时的高度可达 2.5 万千米。

然而,这样的太空甚长基线干涉测量卫星,不仅工作寿命有限,离地面的高度也还是太低,仅达地球直径的几倍,不能使分辨率大幅度提高。另外,它作为一颗人造卫星,几个小时就绕地球转一圈,相对于地面的位置在迅速地变化,这使它与地面射电望远镜构成的测量网处于一种不稳定的状态,不利于对某个天体作长时间连续的观测。

解决上述问题的一个办法,是把射电望远镜放到月球上去。月球离地球 38 万多千米,那里的射电望远镜与地球上的射电望远镜构成的基线可达地球直径的约 30 倍。月球绕地球转动很慢,27 天才转一圈,这使得月球和地球双方的射电望远镜组成的甚长基线干涉测量网能稳定地长时间连续观测某个天体。月球上的射电望远镜不存在姿态控制问题,而且便于维修,工作寿命远较人造卫星长(图 5-13)。

探测宇宙深处的基地

1963 年,美、苏、英三国签署了《部分禁止核试验条约》。为了监

督这一条约的执行情况,美国发射了一系列卫星,它们能够发现核试验造成的γ射线突然增强的现象。这种现象称为γ射线暴。1967年,这些卫星发现有些γ射线暴不是来自地球,甚至也不是来自包括太阳在内的太阳系天体。

来自宇宙深处的γ射线暴的能量极为巨大,而持续时间往往只有几秒、十几秒、几十秒,最长的不过一千秒左右。它们的出现完全是随机的,无法事前预测,因此都是偶然观测到的。

1991年,以曾对γ射线研究作出卓越贡献的科学家康普顿(Arthur Holly Compton)命名的γ射线天文观测卫星发射升空。它获得的大量观测结果表明,绝大多数γ射线暴应该发生在银河系以外。

γ射线暴发生在那么远的地方,卫星探测到的射线还那么强,这说明一次γ射线暴释放的全部能量要比科学家原来想象的多得多。但是,康普顿卫星不能测定γ射线暴源的位置离我们究竟有多远。

意大利和荷兰发射的一颗γ射线暴探测卫星,成功地测出了1999年1月23日那次γ射线暴的爆发源离我们至少有110亿光年远。根据它的亮度和距离推算,这次γ射线暴在不到2分钟内释放的能量竟然超过太阳在100亿年中释放的全部能量的1000倍。

这真是不可想象的巨大能量,而且是在那么短的时间里突然一下子爆发出来。γ射线暴的本质究竟是什么呢?

γ射线暴通常会伴随有X射线、紫外线、可见光、红外线和射电波的辐射,这些辐射持续的时间比γ射线辐射持续的时间长,因而称为"余辉",一般要持续数小时。如果每次发现γ射线暴,能够立即对它进行多波段观测,天文学家就能对γ射线暴有比较全面的了解,从而分析出其爆发源中发生的核反应类型,判明这种爆发的本质。

2004年11月20日,美国国家宇航局发射了"雨燕号"γ射线探测卫星(图5-14)。它载有3架不同波段的望远镜,分别接受γ射线、X射线、紫外线和可见光。一旦γ射线望远镜探测到γ射线暴现

图 5-14 "雨燕号"γ 射线探测卫星

象,其他望远镜立即就能跟上观测,迅速、准确地确定爆发源的位置,下传给世界各地的地面望远镜,对余辉进行后续观测。

"雨燕号"是迄今为止最灵敏的 γ 射线暴探测卫星,然而对 γ 射线暴余辉的完整的观测工作,还得靠地面的大型望远镜。不管"雨燕号"在探测到 γ 射线暴后能多么迅速地通知地面,还是不可能让地面的大型望远镜做到完全同步观测。

未来的月球天文台,将把对 γ 射线暴的多波段探测和研究作为重要的研究课题。在月球天文台里,将配备多架 γ 射线探测器分别监视不同的天空区域,它们与安装在附近的 X 射线望远镜、光学望远镜、射电望远镜联成网。这些望远镜可以做得很大,一旦 γ 射线探测器搜索到 γ 射线暴,它们就立即自动转向 γ 射线暴所在的方向,对 γ 射线暴及其余辉进行观测。月球天文台的多波段观测结果,无疑将为揭开 γ 射线暴之谜作出具有关键意义的贡献。

监视地球和近地空间

未来的月球天文台还将是观测、监视地球和近地空间的前哨。

　　在众多的人造地球卫星中,大地测量卫星、气象卫星、地球资源卫星、环境监测卫星、地图测绘卫星、军事侦察卫星等担负的任务都是观测和监视地球。有这么多卫星,月球天文台还有必要也担负观测、监视地球的任务吗?

　　回答是肯定的。这是因为从月球上观测地球,有着一些人造卫星所不具备的长处。月球距离地球有38万千米左右,在月球上看地球,直径的张角略小于2°,而且地球在月球天空中的高度和方位角大致是固定的,很便于用望远镜对地球作不间断的整体观测。相比之下,人造地球卫星更适合于对地球的局部地区作仔细观测。要从整体上监视地球,在很多情况下还不如让月球天文台来承担。

　　将来的月球天文台所要担负的对地监视任务,除了军事方面的,还包括监测气象、海洋、农业、地质等全球性变化,这对于加强灾害预报、防灾和减灾等,有着极其重要的作用。

　　此外,月球天文台还要对近地空间进行监视,建立完善的宇宙灾害观测网和早期预警系统,为地球提供准确的"太空气象预报"(图5-15)。

　　太阳系中有些小行星的轨道比较扁,因此有可能运行到地球附近空间来。还有一些小行星,整个轨道就在地球轨道附近,它们均被称为近地小行星。彗星主要分布在太阳系边缘,由冰冻的气体和少量固态物质构成,其中少数会改变轨道,运行到太阳附近来,在太阳光照射下气化,形成彗尾。极少数彗星也有可能运行到近地空间,对地球构成威胁。这样的彗星可以与近地小行星同样看待。

　　其实,平均每天都有1亿多块来自小行星和彗星的碎片闯进地球大气层,它们之中最大的通常也不过像鹅卵石那么大。它们进入地球大气层,与地球大气剧烈摩擦,在几十千米高空燃烧发光,全部化为气体,这就是流星。其中极少数大的残骸落到地面,成为陨石或陨铁。

　　更大的天体闯入地球大气,有时会发生剧烈的爆炸。如果是直径超过 1 千米的小行星撞击地球，其爆炸威力可达 1000 亿吨 TNT 当量，远远超过现今世界上所有核武器同时爆炸的威力，将可能使整个人类文明遭到毁灭。这样的碰撞平均约 50 万年发生一次。

2004 年 12 月 23 日，在美国国家宇航局的近地天体项目网站上，发布了一则新闻，声称一颗直径 400 米的近地小行星将在 2029 年 4 月 13 日飞越地球，不排除可能会与地球碰撞。当然，这只是很初步的推测，发布的目的仅在于引起有关天文学家的注意，以便加强监测。

任何小行星如果要撞上地球，在这之前几十年甚至几

图5-15　从月球上对地球和近地空间进行监视想象图

个世纪，肯定会在几倍于地月距离的范围内，经过地球附近几十次、几百次。因此，进行长期监测，就能及时发现未来可能发生的碰撞危险。

现在，国际上有一个名为"太空卫士巡天"的合作项目，正在探测并跟踪可能对地球安全造成威胁的近地天体。未来，开展这一监测将成为月球天文台的日常要务。一旦确定真有小行星将与地球相撞，那就能及时制定合理的防御方案，比如设法改变小行星的运行轨道等，有效地避免小行星撞击带来的灭顶之灾。

图6-1 从月球土壤中提取出来的氦3存放在储罐中等待运回地球想象图

第六章　月球资源和产业的开发

太阳能和氦3能源

前文已经讲过，月球上的能源资源主要有两种，即太阳能和氦3(图6-1)。这两种能源资源，不但能满足未来月球开发本身的需要，而且绝大部分可用来供地球使用。

太阳能是一种取之不尽、用之不竭的洁净能源，不会导致温室效应，不会造成环境污染。利用太阳能发电，是一种能够解决人类能源问题的上佳办法。

射向地球的太阳能，约有1/3被地球大气反射到太空中，剩下不到2/3还要遭受地球大气的散射和吸收，能够到达地球表面的只是一小部分。地球上的烟霾和云雾，会进一步使地面接受的太阳能减少。兼之利用太阳能发电需要铺设大面积的太阳能电池板,大功率的太阳能发电站就会占据非常大一片土地,恐怕只能建在沙漠里。因此,在地球上,人类实际能利用的太阳能非常有限。

在太空中建立太阳能电站,可以避免阳光经过地球大气层时的能量损失。如果在距离地面约3.6万千米的地球同步轨道上放置一颗太阳能电站卫星,装上两块大小各15到30平方千米的巨大的砷化镓光电池板,就足以产生800万千瓦的电力。将这些电力通过微波传输系统传到地面,转化成电流,除去损耗,仍有500万千瓦,相当于5个大型核电厂的发电量。

然而,这样的太阳能电站卫星,总重将有4000多吨,其零部件需要分几百次发射,然后在太空组装。据估计,建设这样一个太空电站,需要耗资3000亿美元。为了满足全球的电力需求,可能需要发射数千颗这样的卫星。且不说其所需经费是一个庞大的天文数字,地球同步轨道上也根本不可能容纳这么多卫星。当然,也可以考虑把这些卫星放在其他各种轨道上,但这样一来,这数千颗太阳能电站卫星就会在天空到处飞。为了把这些卫星的电力传输下来,就要在世界各地建立众多的微波接收站,整个微波传输系统将会非常复杂。

把太空太阳能电站建到月球上去(图6-2),就可以把一个电站建得很大,这比建成百上千个较小的电站省钱多了。而且,在月球上,还有可能利用月球本身的原料来制造太阳能电池,那样的话,需要从地球运去的物资就少了很多,资金也可大大节省。

在月球上,一个白天的持续时间约为地球上的两个星期。但当太阳高度很低时,照射到太阳能电池板上的角度会变得越来越倾斜,电池板接收的能量也就会越来越少,从而产生的电能也越来越少。因此,一处的月球太阳能电站的工作时间不过10来天,然后就得停上20来天,等黑夜过去,太阳再次升到一定高度以后,才能重新工作。为此,可以在月球上每隔经度120°各建一个太阳能电站,3

个电站联结成网，就可以保证整个电网连续、稳定地发电。

月球上的太阳能电站发出的电力，要通过微波来向地球传输。2001年5月16日，有人在非洲留尼汪岛西南部的格朗巴桑大峡谷进行了一场利用微波进行长距离无线输电的特殊实验，走出了无线输电的第一步。在月球上，用于发送微波的将是一架巨大的抛物面天线，它应有极好的准直性能，才能保证地球上的接收天线能把这些微波全部接收下来。

例如，如果地面的接收天线直径为1千米，那么月球上的发射天线发射的微波束发散角不能超过万分之二度。这是月球电站向地球供电的最大技术难点。即便把天线直径加大到100千米，发散角可以达到百分之二度，在技术上还是很难实现的。

为此，也许可以使用微波激射技术。微波激射又称脉泽，与激光在原理上是相似的，只是激光是对光波而言，而脉泽则是对微波而言的。脉泽具有像激光一样好的准直性能，能够保持长距离传输而不发散。但是，未来月球要向地球传输的电能高达几十亿千瓦，如何制造如此大功率的脉泽发射器，也是技术难点。

月球电站用于向地球送电的微波站，应该建在月球正面的中央附近。可以考虑先把月球电能传送到地球同步轨道上的中继卫星，然后再由中继卫星仍用微波向地面传送。不过，一颗中继卫星向地

图6-2 月球上的小型太阳能电站想象图

球上送电,是不可能直接送到全球的。为此,至少还需要另外两颗中继卫星。月球电站把电能送给其中一颗中继卫星,这颗卫星可以把一部分电能转送到另外两颗中继卫星,然后再由每一颗中继卫星向地面传送。在有多颗中继卫星的情况下,月球向中继卫星送电可以在不同卫星之间切换,任何时候都不会中断。

建立月球太阳能电站,还有很多技术难点有待攻克。相比之下,开发月球上丰富的氦3资源,运到地球上来用于核聚变发电,可能更容易实现。

核能分为核裂变能和核聚变能两种。现在,在核能发电中采用的都是核裂变能,在获取核能的过程中会产生大量放射性废料,这些废料的处理是个大问题。采用核聚变能发电目前还在实验阶段,所走的路线是从海水中提取氢的同位素氘(其原子核由1个质子和1个中子组成)和氚(其原子核由1个质子和2个中子组成),通过氘和氚的受控热核聚变反应获取核能。在这一反应中,1个氘原子核和1个氚原子核合并成1个氦4原子核(由2个质子和2个中子组成),同时释放出1个中子。因此,这种热核聚变核能发电的过程,将会形成非常强大的中子辐射,为此需要采取费用昂贵的防护措施。

氦3与氘发生热核聚变反应的生成物是氦4和质子。伴随这一核反应发生的一些副反应虽然会产生中子,但可以通过调节氘与氦3投料的比率,使发生副反应的概率大大降低。因此,使用氦3发电,降低了中子辐射危险,反应堆的冷却、屏蔽、结构要求大大简化,结构材料体损伤很低,部件寿命得到延长,维修和部件更换更容易。氦3和氘反应中产生的质子带有正电荷,可以直接转换成电能,避免了效率不高的热电转换,使能量转换效率高达80%以上。

地球上氦3资源奇缺。氦在地球大气层中按体积只占约百万分之五,而且其中氦3与氦4的原子数量比只有百万分之1.4,地球大气中氦3的含量总共只有约4000吨。

图6-3 月球采矿机器人在采集月球土壤想象图

然而,月球上有着极其丰富的氦3资源。月球上的氦3来自太阳风。在太阳风中,氦3与氦4的原子数量比高达百万分之480。月球上没有大气,没有磁场,整个月球表面就是一个太阳风粒子的收集器。太阳风粒子主要吸附在月球土壤中的钛铁矿颗粒中。这些氦3蕴藏在5到10米厚的月面土壤中,总藏量超过百万吨。

为了获得1千克氦3,需要挖掘和处理约20万吨月球土壤。开采月球土壤的设备可以从地球上运去,据计算,使用总重量9600吨的这些设备,每小时可开采740吨月球土壤(图6-3)。

从月球土壤内提取氦3的工作理当在月球上就地进行。首先是要把开采到的月球土壤粉碎成直径小于20微米的颗粒,然后放进真空加热释气炉内。加热到600℃,这时这些颗粒中所含的氦90%以上就会释放出来。

如上得到的氦是氦3和氦4的混合气体,还需要把它送入低温分馏塔进行两种同位素的分离。在分馏塔内,温度低达-271℃,氦4在-269℃时变为液体,而氦3在-270℃时变为液体。液态氦4的密度比液态氦3高1倍多,可以利用这一密度差造成的比重差别,把它们分离开来。

由月球土壤加热得到的混合气体中还含有大量的氢和氮,它们同样可以通过低温分馏来分离掉。月球表面温度白天高达130℃,夜晚则可降到-150℃以下,因此,可以在白天从月球土壤提取含有氦3的混合气体,并在夜晚对其进行分离,以节省所消耗的能量。

把开采、提取、分离月球氦3并把它们运回地球所要消耗的能量,与利用这些氦3发电所能获得的能量相比,后者为前者的97倍。目前,以煤作为燃料的这一能量比值仅为16倍,以铀作为核燃料则为20倍。因此,开发月球氦3资源作为解决地球未来能源的一种途径,完全是值得的。

开采月球氦3作为地球上热核聚变电站燃料发电的价格,与目前正在试验的以地球上氘和氚为燃料的热核聚变电站相比,据有关专家用经济学分析程序分析,前者将低40%以上。因此,以开发月球氦3能源来解决地球能源危机,在经济上也完全可行。

氦3发电是把月球上的氦3运到地球上来作为发电的核燃料,因此不存在月球太阳能电站所遇到的向地球送电的困难。它很可能真的会在21世纪内开始成为人类的绿色能源。据估计,月球上的氦3足够我们人类使用上万年。

从矿产资源到加工工业

根据美国"阿波罗号"系列登月飞船带回来的月岩样品化验证实,月球上有硅、镁、铝、铁、钙、钛、钠、钾、锰、铜等60多种矿物。

在月球上,广阔的月海洼地普遍被玄武岩所充填。月海玄武岩中含有丰富的钛铁矿,是生产金属铁、钛的原料。钛和钛合金具有重量轻、强度高、抗腐蚀、耐高温、耐超低温等特性,在宇航、航空、舰船、化工、电力、海水淡化等行业有广泛的用途。从钛铁矿中还可以提取氧。因此,月海玄武岩中的钛铁矿是未来开发利用的最主要的矿产资源之一(图6-4)。

在月球风暴洋区域,分布着一种极为富含钾(K)、稀土元素(REE)

图6-4 在月球上探矿的想象图

和磷(P)的玄武岩，被命名为克里普(KREEP)岩，其中含有丰富的钍和铀这两种放射性元素，可用作核燃料。丰富的稀土元素以及钍、铀这两种放射性元素，使克里普岩也成了可以开发利用的月球重要矿产资源。

在月球上，已经发现多种地球上尚未发现自然存在的矿物，如富含铁的三斜铁辉石、含钛的低铁假板钛矿和钛铬铁矿、含锆的静海石和类似静海石的富含锆的矿物等。在月球上还发现有多种自然金属，如含钴的镍铁金属、铁金属和镍铁金属，而在地球上很少会存在自然状态的金属，尤其是铁，只能存在于各种形式的氧化物矿物中。科学家在月球岩石标本中发现了一层很薄的未被氧化的纯铁薄膜，他们原以为这种铁在地球条件下会立即氧化生锈。可是，试验发现，这种铁并没有被氧化，这是因为其纯度非常高。如此高纯度的铁，对人类非常有用，但在地球上根本冶炼不出来。

月球上的矿产开采出来后，提炼工作也应该放在月球上做。运回地球的是体积、质量大大减小的可以直接使用的成品。

也许在比较遥远的将来，待到地月间飞行的经济成本大大降低，而且地球上的一些矿产资源出现了枯竭，今天看来很平常的一些矿产，人们也会到月球上去开采。

在比较近的时期内，月球矿产资源的开发，主要目的将是为了满足人类开发月球本身的需要。例如，要在月球上较大规模地建造月球开发基地，建筑材料必须就地取材，这就需要开采月球上的矿产。还有,为了开采氦3,需要大量的设备,如果这些设备有或大或小的一部分能在月球上就地取材制造,就可以节省大量运输费用。为此,也需要开采月球上的矿产。

为了提供月球基地的建筑材料,首先需要开采制造水泥所需的硅酸盐矿物。这类矿物是月球土壤的主要成分,因此就像在地球上一样非常容易开采。中国台湾交通大学的林铜柱教授曾受聘担任美国国家宇航局"月球混凝土委员会"主席,以他为首的一个研究小组利用40克月球土壤在1000℃高温下加热并粉碎以后,制成了与地球水泥相似的水泥。

有了水泥,还需要水,才能制成混凝土。水的开采也是月球矿产资源开发的一大任务。月球表面很可能不存在游离态的水,但是很多硅酸盐矿物和氧化物矿物内含有丰富的化合态氧元素,可以设法把这些氧提取出来。例如,把钛铁矿加热到800℃,即可分离出钛、铁和氧。有了氧,只要再有氢,就不难得到水了。

在开采月球土壤中的氦3时,作为副产品,又会得到大量的氢。这些氢可以用来作为航天器火箭发动机的燃料,也可以在工厂中用来与氧气燃烧化合而获得水。当然,这样制得的水经济代价很高,不能像在地球上那样用大量水来搅拌水泥。为此,可以把制成的月球水泥与适量月球砂石拌合,放入蒸汽定型锅内用高温蒸汽蒸煮。这样制成的混凝土不但耗水少,而且固化时间短,强度更高。

建设月球基地所需的铁、铝、铜等金属,都可以在月球上就地开采、冶炼。在月球基地建设中需要大量玻璃,一些专家提出在月球上可以用气凝胶来代替。气凝胶的优点是质量非常轻,它是一种多孔材料,在地球上制造时不完全透明,但在无空气的月球上制造,就能制造得像玻璃一样透明。制造气凝胶所需的原料是二氧化硅,在月球上分布非常广泛。

在月球进一步开发以后,随着月球上制造业和加工业的出现,月球丰富的矿产资源还将能很好地满足它们的需求,从而最大限度

地减少从地球向月球运去的原材料的数量(图 6-5)。

在月球上建设开发基地,需要在月球上发展制造业和加工工业;而月球上制造业和加工工业的发展,又需要有开发基地作为依托。这两者将会相辅相成,同步得到发展。

万事起头难,在一开始,月球开发基地的建筑构件、月球工厂的机器设备只能从地球上运去。在这一阶段,月球开发基地和月球工厂的规模都不可能很大。这将是人类开发月球最艰难的阶段。

随着月球工厂的建立,在月球上就地生产月球开发基地所需的部分材料和设备,将使得成本大大下降。所需的机器、设备,部分也可以由月球工厂自己制造。月球工厂的规模逐渐发展壮大,月球工业的生产力将随之得到提高(图 6-6)。

月球上首先得到发展的工业,很可能是利用月球独特的自然条件生产一些在地球上不可能或者很难生产的特种新型材料。这种工厂生产的产品,数量会很有限,将由月球飞船运回地球,因此相当昂

图 6-5　月球采矿的想象图

贵,但它们都有着特殊的用途,必将会物尽其用。

例如,作为高速计算机的核心元件,它的中央处理器必须使用超纯净的硅单晶体来制造。制造这种硅单晶体,需要超洁净的环境。在月球上,建立这种环境要比在地球上容易得多,其洁净程度可以远远超过地球上的超洁净实验室。这样制造出来的硅单晶体,其纯净程度将远远超过地球上的产品,用它来制造具有更高密集程度的集成电路元件,作为高速计算机的中央处理器,将会有更高的计算速度。

再如冶金,在地球上,即使在人工制造的高真空容器中,仍旧不可避免地存在微量的残余空气,很难得到完全不含丝毫氧化物的纯金属。在月球上,高真空条件却是唾手可得,而且真空程度远远超过地球上任何人工制造的高真空环境。在这样的条件下,可以冶炼得到真正的纯金属。在超高纯净的情况下,许多金属的物理性质会与在普通情况下大不相同。因此,在月球上生产出来的超纯金属,会有许多特殊的用途。

在月球开发的早期,月球上的冶炼工厂尚未建立起来,制造硅单晶体和纯金属所需的原料还得从地球上运去。在这种情况下,月

图 6-6　月球上的工业设施想象图

球上相应的生产活动很可能将采取实验室生产的方式。这一阶段发展的月球制造业,将主要为建造月球开发基地服务,包括以混凝土、金属和气凝胶等材料制造各种建筑构件。在月球上,混凝土不会在建筑现场浇注,而是在工厂里制成预制件再运到建筑现场装配。此外,还将发展家具制造业,向月球基地提供各种生活、办公、实验用的桌椅、橱柜、床具等。

更多的人来到月球生活,为了解决衣食问题,要有农产品加工厂和食品工厂。为了健身和娱乐,就需要有制造锻炼和娱乐器具的工厂。为了解决月球上的交通问题,还需要有制造月球车的工厂。更进一步,还可以在月球上建造航天器,如建造太空渡船,用于月球上的远距离交通以及月球表面与月球空间站之间的往来。

月球上的工业产业,就这样随着月球基地的不断发展而逐步成长,并促进着月球的繁荣。当然,这将是一个漫长的过程,需要几十年甚至几百年艰苦的努力。毫无疑问,人类开发月球的脚步,将与月球工业的建立同步。月球工业的发展,将不可避免地对月球开发基地、月球空间站的发展起制约作用。只要月球工业还没有发展到一定程度,大规模开发月球的局面是不可能出现的(图6-7)。

图 6-7 月球上的工厂想象图

月球上的生物产业

人类在开发月球时必须同时开发月球上的生物产业，包括农业、养殖业和园林业等。

月球上的农业和养殖业，将担负起为月球上的人们提供新鲜食品的任务。在月球开发的初期，人们在月球上的全部食品都得从地球上带去，这就极大地限制了能够长期留在月球上工作的人员数量，也不可能开展规模较大的月球开发工作。人们在月球上建造能供较多的人长期居住的开发基地，就必须同时在基地内创造必要的条件，开发农业和养殖业。

月球上的农业，与地球上的农业相比，会在耕作技术上出现很多差别。首先是月球上的土壤不含有任何有机成分，根本不存在能够为植物生长提供营养物质的腐殖质。而且，这种土壤根本没有经历过像地球上土壤那样的风化过程，而是纯粹依靠在漫长地质年代中太空中不断飞来的大大小小流星体的撞击，致使岩石逐步粉碎后形成的。这样的土壤甚至比地球上大沙漠中的沙子还不适合植物生长。

因此，月球农业将会更多地采用类似无土栽培的技术来种植作物。为了便于固定作物的植株，仍会把它们种植在月球土壤里，可是在这些作物的根部，将安装有特殊的灌溉系统，不断地把人工配置的营养液输给作物的根系。

在月球上，水极其宝贵，因此绝对不可能采用像地球上那样让水自然流淌的灌溉方式。在月球村里甚至连喷淋灌溉也不可取，那里很可能采用缓慢渗透的灌溉方式，仅保持作物根部的湿润，使得营养液渗出的速度与作物根部吸收的速度平衡。这样既能保障作物生长对水和营养的需要，又能最大限度地节约水的消耗。

月球上用于灌溉的水，将是月球村居民日常生活排出的各种污水经适当处理后得到的再利用水。在这些水中加进作物生长必需的

营养物质,就成为提供给灌溉系统的营养液。

月球上的绿色农作物,还担负着把人们呼吸及在各种活动中产生的二氧化碳通过光合作用转化为氧气的任务。不过,光靠农作物,也许不足以完全胜任这一任务,因此还得借助于园林业。

月球上的园林业,将与月球村的建设同步发展。那里将出现树林、草地、鲜花和小桥、流水、藤架,既可供月球村里的人员休憩、散步,那些绿色植物又能提供氧气。这里的流水,也是经过处理的废水,而且是循环流动的。为了防止渗漏造成水的流失,全部水道都经过防渗处理。至于那些树木、花草、藤蔓,也都像农作物一样,由埋在根部的灌溉系统以渗透方式提供营养液。

水果不但美味,而且含有丰富的维生素。未来的月球村,将既是一座花园,又是一座果园。月球村里的气候,完全由人工控制,因此月球村里的各种植物,包括农作物、鲜花和果树,生长周期一定会与地球上有很大不同。此外,月球上重力很小,这会使植物的成长也出现不同于地球上的情况。月球上的农艺师、果艺师、园艺师将培育出各种适合在月球村特殊环境中生长的植物。

禽蛋、畜乳和肉食所提供的动物蛋白和脂肪,对于人体来说是优良的营养物质。因此,在月球村里,还需要发展养殖业。养殖业需要农业提供饲料,它的开发应该在农业发展到一定规模之后。未来的月球村里,将会建起养鸡场、养牛场、养鱼场等,向人们供应鸡蛋、牛奶和各种肉类食品。

月球村里空间有限,又是密闭的,为了防止禽畜产生的排泄物和异味污染月球村的环境,这些养殖场都有隔离措施。禽畜的排泄物经过处理,无害、无异味之后,才能运出养殖场,送到农场制造灌溉作物用的营养液。月球村里的肉食品加工工厂同样也有隔离设施,加工肉类时产生的污水、下料,也都要经过无害化处理,然后外运并再行利用。

月球上的各种生物产业,对于维持月球村里的生态平衡,起着

图 6-8 月球上的生物产业基地想象图

关键性的作用(图6-8)。农场种植的各种作物、园林生长的各种植物、养殖场饲养的各种动物,与月球村里的人组成了一个小小的生态系统。如果这个生态系统能处于较好的平衡状态,那么各种生物就能相得益彰。诚然,适时适量地向月球村补充一些氧气和水分还是必要的。可是,如果生态平衡搞得好,氧气和水分的补充量就可以降到很低。为此,月球村里种植的各种植物以及饲养的各种动物的品种和数量,都要经过精确的测算,用周密的计划进行严格控制。

月球上的信息产业

随着一个个永久性的月球村建立起来,各个月球村之间,以及各个人之间,就要建立有效、方便、及时的通信联系。为此,在每个月球村里,都将建立微波通信基站,专门从事这种通信服务的移动通信公司,也将会在那里出现。

微波移动通信虽然方便,但有一个先天的弱点,就是易被干扰和窃听。未来月球上的微波通信,将采用最先进的抗干扰和防窃听技术。同时,使用缆线网络连接起来的固定通信也是一种必要的辅助通信手段。月球上的固定通信网络,将完全采用光缆和光纤来连接,并用光信号作为信息传播手段,从而能有效地避免干扰、防止被

窃听。

月球上还将建立对地通信公司,通过大型微波天线与地球建立通信联系。那样,人们在月球上就可以像在地球上一样方便地用手机随时与自己的家人通话。只是因为两地相隔38万多千米,微波信号一去一回要2秒多钟,所以在通话的时候,必须要有耐心,这边讲了一句话,千万别着急,得静静地等上2秒多钟,才能听到那边的回话。

当然,不管未来的通信技术如何发展,人们还是不会抛弃书信这种传统的信息交流形式。将来在月球村里将会建立邮政局,月球上的人们同样可以给自己的亲友写信、寄赠礼物。一件寄往地球的邮件要过多久才能送到收件人的手中,主要取决于往返于地球与月球之间飞船的航班。在月球开发全面展开以后,航班的间隔期就会大大缩短,到那时,从月球来的邮件,将不会比现在的国际邮件慢很多。

在月球上,还将建立同地球上的互联网一样的信息网络,并通过微波与地球上的互联网连接在一起。

未来月球上新颖的数字电话,将一改传统的模拟电话以电压变化模拟声音的传输技术,而用数字形式传送语音信号,抗干扰能力强、语音保真度高,而且难以被窃听,并可以很方便地用密码变化来进行高效加密。

未来月球上的电话,不管是移动电话还是固定电话,都可以同时传送图像,使通话双方能看到彼此的笑貌。这些电话还都具有自动同声翻译功能,不管通话的双方各自说的是哪国语言,都可以自由地畅谈,不用担心语言障碍。说话人说完一句话,自动翻译电话能自动地判别他说的是哪种语言,并在数秒钟内翻译成受话人预先设定的语言。

未来月球上的信息产业,将不但活跃在通信领域,而且进入到人们的日常生活之中。无论是在旅馆、宿舍中,还是在别墅或住宅楼里,都将建有居所信息中心(图6-9)。

居所信息中心的第一个功能是防范报警,包括有害气体报警、烟雾探测报警、人休探测报警等。当发生燃气泄漏、火灾、陌生人非法进入居所等事件时,会及时地向居所主人的办公电话、移动电话、居所管理部门和公安部门等多处报警。这种报警系统能够敏锐、准确地识别出事件的性质和发生的部位,如果是火灾,就会报给消防队,而不是刑警。

居所信息中心的另一个功能是对家用电器的集中操作和控制。在未来月球上的居所中,所有家用电器,都互联而成居所网络,并与外部公用网络连接。居所的主人在外面通过通信工具,例如移动电话,可以操控自己居所内的所有电器设备。

未来月球上的信息产业,还将担负起把诸如月球天文台等采集到的大量科学数据及时向地球传送的任务。在月球开发的初期,月球天文台必须自己建立微波传送装置来传输这些数据。但随着月球

图6-9　未来月球上的信息化居室想象图

产业分工的出现，这类工作将会集中交给专门的信息产业公司去做，其好处是提高了微波传送装置的利用率，同时这些装置由专门的机构和人员负责日常维护，可以降低运营成本。

月球媒体娱乐产业

毋庸讳言，月球开发的第一批和前几批开拓者，将是人类中的勇士。这些勇士在月球上的生活将是寂寞的、单调的，任何娱乐生活对于他们来说都是奢望。好在他们在月球上不会久留，完成了既定的任务，就可以重新登上飞船返回地球。

在月球开发大规模地开展以后，月球上每天都有几十人、几百人的人流量。每个人在月球上可能要停留几个月甚至几年。如果在他们的生活中还是没有一点娱乐活动，那将是不可想象的。

这时候，月球上的人们在工作之余将会欣赏影视节目、听音乐、跳舞和唱歌。随着月球人口的进一步增加，还会出现专门的娱乐业，出现电影院、歌舞厅、音乐厅、沙滩泳场等休闲设施(图6-10)，乃至在月球上建立电视台。月球电视台不但播放娱乐节目，而且还报道月球新闻和地球新闻。月球电视台还将与地球上的电视台互相交换节目，不但极大地丰富了月球上人们的业余生活，而且也能让地球上的人们随时获悉月球上人们的工作和生活情况。

人类登月和开发月球的每一步，都对广大的公众有着巨大的吸引力。月球电视台的建立，一定会得到地球上一些传媒巨头的鼎力资助。传媒机构关注月球开发，其基础是这方面的报道所能带来的巨大的广告收益。俄罗斯联邦航天署曾经在"和平号"空间站为以色列的牛奶产品拍过广告，收入十分可观。近年来，俄罗斯通过太空广告从西方国家的公司那里获利甚多。

2002年1月1日，日本各大电视台播出了一则在国际空间站拍摄的广告，它由全球第四大广告公司日本电通公司和大冢制药共同投资，花费了1亿日元制作费。为了制作这则广告，宇航员用高精

图6-10 月球村里的沙滩泳场艺术构思图

密度的摄影机在国际空间站里拍摄了3小时,最后剪辑成一则片长约30秒的太空广告。这则广告虽然没有大牌明星,也没有美女烘托,但太空的浩瀚奇景加上太空人的广告处女秀,还是让投资者心甘情愿地掏了腰包。

2001年初,俄罗斯把为国际空间站制造的起居舱送入太空。人们在电视台播放的发射实况中看到,美国连锁式快餐集团"必胜客"的徽标赫然出现在运载火箭的两侧。"必胜客"公司为此支付了125万美元的广告费。2001年5月23日,俄罗斯"联盟号"飞船把"必胜客"特制的"太空薄饼"送上国际空间站供宇航员享用。为此,"必胜客"向俄罗斯宇航部门"倒贴"了100万美元。20世纪90年代初期,"必胜客"的战略专家还曾建议用强力激光把公司的徽标投射到月亮表面,但最终未能实现。不过,人们要在月球上做广告的梦想并未泯灭。

中国探月计划"嫦娥工程"的首席科学家欧阳自远说过,"我国一些企业已经多次表示要赞助探月工程","这种爱国热忱很值得赞扬。我国在第一次'飞赴月球'的时候,是依靠整个国家的力量。等到未来二期、三期工程或者登月的时候,我们会考虑各方面的支持和配合,甚至包括国际合作。"

可以想见,当人类开始实施开发月球的大事业时,一旦条件成熟,实力雄厚的财团无疑会竞相投资到月球上去设立电视台。到那时候,人们还会到月球上去拍摄电影、电视剧。这些电影、电视剧不但在月球上放映,还是地球上各国电视台黄金时间的热播节目。

飞向太空,开发月球,长期以来就是许多科幻电影所描写的题材。未来,出现在人们面前的,将是人们在月球上的真实活动,这样的电影和电视剧(图6-11),会不会受到地球上人们的极度青睐呢?

人们的欣赏口味,有时候是很奇怪的,你给他看虚假的东西,他兴趣十足,而如果把真实的东西给他看了,他也许反倒会觉得不过如此,觉得趣味索然了。因此,考虑去月球上拍摄电影和电视剧的制片人需要有极大的勇气和眼光。未来月球上传媒和娱乐业的发展,像在地球上一样,不可避免地会受到商业利益的制约。

图6-11 科幻片里的月球酒吧

交通运输和旅游业

　　未来月球上的交通运输业有三个层次，即地月间的交通运输、月球基地间的交通运输和月球基地内的交通运输。

　　地月间的交通运输，这是从月球开发一开始就需要解决的问题。目前已经比较落实的，包括中国即将实施的无人探月的嫦娥工程，都是由国家的公共财政投入资金，由国家航天部门具体实施和执行。如果这些工程和计划能够顺利地实施和执行，那么在随后的21世纪30年代和40年代，在月球上就会出现若干座开发基地。这些开发基地，规模不会很大，大致与过去俄罗斯的"和平号"空间站和现在的国际空间站相似。月球基地中的人员，大致隔几个月轮换一次，因此，如果中、美、俄、日、印、欧等每个国家或地区各自在月球上建一座基地，或者联合起来建几座基地，那么地月间差不多每个月都会有一次载人飞行和几次货运。

　　到了21世纪的中叶，人类的月球开发活动很可能会从探索阶段过渡到开拓阶段，基地的规模会扩大，人员随之会增多，从地球向月球运输的物资会有较大规模的增加，尤其是将会有很多月球开发设备和器材。地月间的交通运输于是变得繁忙起来，专业的地月运输企业将会应运而生。它们也许会由某国航天部门中某个单位独立组成，也有可能一些国家会联合起来组成跨国公司。

　　到21世纪末，月球上也许会出现好几座有数百人在里面生活和工作的月球村，以及数十座较小的基地。在月球上空，则飞行着比今天的国际空间站规模大得多的月球空间站。这时候，月球上将常年有上千或者更多的人，但每个人在月球上逗留的时间一般仍为几个月到一年。有些人会在月球上工作更长的时间，但他们每隔半年一年要回到地球上来休假探亲。跨国的地月运输业巨头将开通客运和货运的定期航班，执行航班飞行的飞船将可以重复使用，客运飞船每次可以乘载数十名乘客，在地球和月球上空分别建有专门的空

间站作为中转。

在这个阶段，各个月球基地间的交通运输问题将被提上日程。相应地，在月球上将会建立月球交通运输公司，承担月球基地间的交通运输任务，并代理地月交通运输公司在月球上的业务。月球基地间的交通运输工具，近距离的将采用月球车，距离较远的则采用以火箭发动机为动力的月球飞机。

随着能够居住数百人以至上千人、内部拥有各种科研和生产设施以及完善的生活设施的大型月球村的出现，建立其内部的交通运输系统将是一种必然的需要。因此，月球交通运输公司还将担负起月球基地内的交通运输任务。

为了保护月球村内的环境，特别是避免过多地消耗月球村内的氧气，维护月球村内的生态平衡，村内的交通运输工具只能以电力为动力，用大容量的蓄电池作为能源。

未来月球上的交通运输，应该避免像今天地球上这样大量地由个人和非交通运输企业拥有自用的交通工具。产业化、商业化的交通运输方式，不仅能最大限度地发挥交通运输工具的使用效率，而且有利于环境保护。

未来月球的交通运输产业(图 6-12)，应该是有利可图的。现在一些航天大国的航天部门，都已经在进行商业开发。俄罗斯《消息报》说，目前俄利用太空挣钱的手段有两个，即卫星的商业发射和太空旅游，但做得都还很不够。该报声称："征服太空的梦幻时代已经结束，接下来应当做的是开发太空并以此赚钱。"

在美国，已经出现由私人创办的太空交通运输企业，本森(James Benson)在 1995 年建立的一家太空公司就是其中之一。这家公司在 2003 年 1 月 12 日成功发射了一颗载有宇宙热等离子体光谱仪的卫星，这颗卫星是美国国家宇航局"大学探索者"计划为加利福尼亚大学伯克利分校专门研制的。

美国另一个由哈里森(Shelley A. Harrison)和罗西(David A.

图 6-12　月球地面交通工具想象图

Rossi)领导的私营公司,设计制造了用在航天飞机货舱里的筒形增压舱, 用以提供将包裹货物直接递送到空间站舱门口的到位服务。这个公司已经为国际空间站进行了多次再补给飞行,此外还先后执行了 7 次飞行任务,为处于困境中的"和平号"空间站运送食物、水、氧气以及其他基本硬件设备等。

正如《消息报》所说,太空旅游是目前俄罗斯利用太空挣钱的两个手段之一。到 2005 年为止,俄罗斯联邦航天署已经把 5 位太空游客送上国际空间站。每位游客在国际空间站上逗留 8 天左右,全部花费为 2000 万美元。

俄罗斯的航天预算和实际所需经费之间存在较大缺口,弥补这一缺口的主要举措就是开发航天商业。俄罗斯曾在"和平号"空间站上成功地进行了商业开发活动, 创造了年收入 2000 万美元的良好业绩。

俄罗斯在国际空间站的建设中占有重要地位,这个空间站建成之后,1/3 的空间属于俄罗斯。目前,俄罗斯利用国际空间站上的俄

属太空舱和先进的航天技术继续进行商业活动，计划在俄罗斯所支付的国际空间站建设资金中，预算外资金所占比例达到 30% 到 35%，其中推动商业化的太空旅游就是一个重要方面。

太空旅游将越来越为公众所向往，目前在美国就已有数以百计的太空旅游爱好者申请参加培训，其中包括体能和航天知识的培训。如今，许多科学家、新闻记者以至亿万富翁，都把到太空中去旅游作为自己一生最光荣和最有意义的事情。还有不少青年人想到太空中去举行婚礼，到月球上去度蜜月。甚至还有人希望死后把骨灰葬到太空中去，葬到月球上去。

一项对 4000 多名英国人、日本人、美国人和德国人的调查表明，大多数人对太空旅游表现出极大的兴趣。其中，80% 年龄在 30 岁以下的被调查者希望能乘坐亚轨道飞行器到太空作不环绕地球的短暂观光，大多数人愿意为此付出 3 个月工资。10% 的人则情愿花费两年的血汗钱到更高的太空轨道上作环绕地球的飞行，一睹整个地球的芳容。这项调查同时预言，到 21 世纪中叶，太空旅游将成为一项获利颇丰的大型产业。

上述调查还设想，花费美国人 4 年的收入就能作一次为期 6 天的往返月球的太空旅行。结果有 20% 的美国人愿意参加这样的月球旅行。

面对商机，美国国家宇航局表示并不反对在将来搞太空旅游，不反对非职业宇航员拜访国际空间站，但必须在这个空间站建成以后。届时研究人员、教师、艺术家和其他人士都可以上太空。

但是，美国民间对太空旅游的期待要急切得多，由俄罗斯送到国际空间站旅游的 3 位太空游客中有 2 位是美国人。帮助他们与俄罗斯达成协议的美国"太空冒险"公司说，现在有好几位顾客愿意支付上千万美元到太空旅游，另有 100 人预约进行亚轨道太空飞行。

一些雄心勃勃的日本人正在努力实现普通人也能到太空旅行的梦想。日本金城旅行社成立了一个"太空旅游俱乐部"，该公司"太空旅游筹备室"负责人介绍,蒂托遨游太空预示着太空旅游时代的到来,"太空旅游俱乐部"的设立就是着眼于这一新的旅游市场的出现。

但是,月球旅游业真正得到发展,应该是在人类实现重返月球和展开月球开发活动以后(图6-13)。为此,还需要设计和制造可重复使用和具有较大载客量的地月交通工具,只有这样才有可能把月球旅游的费用降下来,才能为较多人所接受。

也许,到21世纪的中叶,月球旅游将会成为一项新兴、热门并且有利可图的产业,在地球上会涌现出一些真正的月球旅游公司来经营月球旅游。到那时,你只要准备好足够的钱,并且拥有健康的身体,那么这些公司就能把旅游的行程订妥,并且不必再像现在那样遥遥无期地等待,真的就可以把你送上前往月球的旅途。

同时,在月球上,也会建立相应的月球旅游公司。你到了月球上,这些公司将派出专职导游来接待你,为你安排食宿交通,并将全

图6-13　美丽的月球村将成为旅游胜地

图 6-14　月球游客穿上宇航服准备去月球村外游览

程向你提供安全指导,保证你在月球上旅游一切顺利(图6-14)。到月球上短期工作的人员也可以通过月球旅游公司统筹安排食宿、交通、提供安全保障服务,这要比自己一一安排更省钱,而且也节省精力,因而是很划得来的。

月球上的房地产业

最初的月球开发基地,应是一些国家的航天部门所建,但是随着月球开发的进展,建设月球村乃至随着月球旅游业的兴起而建造月球旅馆、旅游景点和娱乐场所等,将会由专业的月球房地产企业来负责。

必须说明,根据1984年联合国通过的《指导各国在月球和其他天体上活动的协定》(简称《月球协定》),月球以及其他天体,包括这些天体上的自然资源,都是人类的共同财产,任何国家、团体和个人不得据为己有。根据这一协定,任何房地产企业对月球上的土地都只有使用和管理权,不可能拥有所有权。

《月球协定》于1979年12月5日由联合国大会通过,1979年12月18日向各成员国开放签字,1984年7月11日生效。截至2000年6月,澳大利亚、奥地利、智利、墨西哥、摩洛哥、荷兰、巴基斯坦、菲律宾和乌拉圭9国批准了《月球协定》；另有法国、危地马拉、印度、秘鲁和罗马尼亚5国政府签署了协定，但未经议会批准。世界上大多数国家尚未批准或加入。中国也还没有签署这一协定。

也许由于《月球协定》尚未广泛发生法律效力，美国人霍普(Dennis Hope)于1980年在旧金山土地管理部门取得了所谓的月球土地"所有权"，并先后致函联合国、美国和苏联政府，递交了"所有权声明"。此后，霍普开始向全世界"销售"月球土地，最初的价格是每英亩(1英亩约合6亩)19.99美元。据称，他的月球买卖目前已经扩大到了法、英、德、澳大利亚及日本等多个国家。甚至中国也冒出了一个北京月球村航天科技有限公司，于2005年9月5日注册登记。

但是，当时该月球村公司在向北京朝阳区工商局申报经营范围时并未明确填写月球土地经营这一项。此后该公司高调开张，并启用了另一个惑人的名称——"月球大使馆"，公开"销售"月球土地。它实际上就是霍普的大中华区业务总代理，在开业的新闻发布会上，霍普亲自为之大肆鼓噪。

2005年10月19日，"月球大使馆"正式对外营业，宣称由它代理"月球所有者"霍普在月球北纬20°至24°、西经30°至34°的土地，只要花费298元人民币就能购买月球1英亩土地。公司宣传说："当你能很顺利方便地去月球后，它就升值一万倍了，以后价值只会越来越高。"公司开业3天，有34名顾客购买了49英亩的月球土地，总金额为1.4万余元，另有20多名各地的客户表达了加盟开办"月球大使馆"支部的愿望。

但是，买卖月球土地完全是非法的。事实上，在《月球协定》之前，1967年联合国就通过了绝大多数国家批准的《关于各国探索和利用包括月球和其他天体在内的外层空间活动的原则条约》(简称《外层空间条约》)，其中规定禁止任何国家或政府独占地球以外的任何星球土地。既然连国家都不享有月球土地所有权，那就更不用

说是任何国家的自然人了。

中国已经签署并批准了《外层空间条约》，这是比《月球协定》更高位的国际公法。中国政府从来没有主张过对月球拥有领土权，中国任何公司更不可能对其取得所有权，任何人都没有资格和权力将其出售。

2005年10月28日，北京市工商局以"月球大使馆"涉嫌投机倒把，扣留了它的营业执照和"月球土地证书"，相关买卖叫停。工商部门认为，"月球大使馆"这种以牟取非法利润为目的、违反国家法规和政策、扰乱社会主义经济秩序的行为属于投机倒把，遂对其作出责令退回财物、吊销营业执照和罚款5万元的决定。

"月球大使馆"不服处罚，提出举行行政听证会。然而，在12月6日的听证会上，"月球大使馆"为其制造这场有违常识的骗局所作的辩护不经一驳。会后，工商部门表示，仍将维持原处罚决定。

"销售"月球土地，不过是一场闹剧而已。将来，在月球进入全面开发阶段后，尽管月球土地是属于全人类的共同财产，但其使用权的分配和转让，仍是一个有待解决的问题。可以预料，各国将会一起为此制定更为具体和可操作的有关法律和法规，而在具体实施这种分配和转让时，很可能会像我们今天处理国有土地的使用权一样，引进商业机制。就此而言，未来月球上的房地产业，看来还是可以大有作为的。

图7-1　联合国——国际商谈和平与合作的场所

第七章　月球的战争与和平

和平开发月球的保障

人类需要和平，联合国就是国际商谈和平与合作的一个场所（图7-1）。

然而，战争的阴影依然存在。什么是战争？《现代汉语词典》的解释是"民族与民族之间、国家与国家之间、阶级与阶级之间或政治集团与政治集团之间的武装斗争"。这是战争在政治上的定义，但是，早在原始社会，民族、国家、阶级和政治都还不存在的时候，在氏族之间就已经存在不同规模的冲突了。

最初，地球上人口很少，不同的氏族之间相隔着非常宽广的地

域,他们在各自周围的地域内狩猎,已经足够维持生存需要。在那种情况下,氏族和氏族之间不可能有任何大的冲突。

随着人口的增加和更多氏族的出现,不同氏族之间相隔的地域大大缩小。在这种情况下,各个氏族固然可以通过发展畜牧业和农业来解决自己所需的食物问题,但不免会有一些氏族不是通过发展生产,而是通过向外扩张自己的地域,甚至掠夺别的氏族的牲口和农产品来解决生存问题,从而与邻近的氏族发生冲突,最原始的战争就是这样发生的。

在未来人类开发月球的最初阶段,各国的开发能力还非常有限,他们或者合作或者单独进行开发,活动范围还很小,相互之间相隔很远,也许还不至于发生严重的利益冲突,甚至在很多情况下还需要互相帮助。可是,随着月球开发的发展,会不会有某些国家依仗自己的实力,单方面限制和侵害别国的开发权利,甚至妄图独霸月球,从而在月球上挑起一场战争呢?

月球是地球的近邻,随着太空技术的发展,不用很久,跨越月地之间38万千米的距离就会变得不在话下。在地球上还不能消灭战争的情况下,会不会有某些国家。利用月球为他们在地球上的战争服务,使他们处于某种有利地位呢?显然,这种危险甚至比在月球上发生战争更为迫近。

月球战争一直是很多科幻小说和影视作品中令人感兴趣的主题。有人描写各大国在月球上建立“殖民地”,把月球变为角逐的场所,为霸占月球上丰富的资源互相争夺,最后爆发战争。有人认为,那些长期生活在月球上的人会逐渐疏远地球,最终可能会要求与地球断绝关系,他们甚至会鄙视地球人,利用月球的天然优势来威胁地球的安全。还有人设想,未来的地球与月球之间的关系,就像当年英国与其在北美的13个殖民地一样,最终,新一代月球人会要求独立,与地球展开战争。

早期的科幻小说《月球人》,虚构了美国和苏联偷偷派人登上月球,想要独占利益,却阴差阳错地互相把对方误认为"月球人",在发现真相以后,两个大国居然炸毁了月球。还有一部科幻小说,名为《月球是位严厉的主妇》,其中描写了月球殖民者中间的一场革命,其中许多事件与美国独立战争遥相呼应。还有《月球背面》、《劫持月球》等几部中国科幻小说,则设想了外星人与地球野心家企图使月球独立的故事。

早期科幻小说产生于冷战年代,人们很自然地就把地球上的情况套到月球上。这反映出人们对月球开发很早就抱有隐忧,担心月球这片和平的土地会因为地球人的到来而遭到战火破坏。

几千年的历史告诉人类,战争只能给人类带来劫难,阻碍文明的发展,毁灭已经取得的文明成果。不同人群之间利益矛盾的发展,导致对抗、冲突和战争,这是人类无力自拔的一个陷阱,是人类社会发展的一个悖论,是人类生活的一个怪圈。如今,人类的文明已经发展到如此的高度,已经能够飞出地球,登上月球,开发月球,人类理应能够理性地认识自己,让自己跳出战争这个陷阱。可是,不幸的是,世上仍有一部分人继续热衷于战争,迷信战争能为自己带来更多的财富和权力,甚至企图把战争带入太空。

在很长的一段时间内, 开发月球都只是少数国家少数人的事情,他们在月球上的活动很有限,至少在本世纪内不大可能发生什么月球战争。可是,在月球开发的同时,寻求月球这片和平土地的安宁,保障月球的和平开发和利用,还是应该从一开始就成为全人类的共同追求和神圣使命。

1957 年 10 月 4 日,苏联发射了人类历史上的第一颗人造地球卫星, 世界各国就意识到了人类的航天成果必然会被用于军事目的,太空面临着军事化的危险。仅仅两年之后,联合国大会就通过决议,成立了"和平利用外层空间委员会"(图7-2)。

这个委员会是一个审议和发展国际太空法律以及探讨合作和平利用地球外层空间的国际论坛。委员会成立以后的第一项重要成

图7-2　联合国外层空间事务办公室

果,就是在1963年12月13日联合国大会上一致通过的《各国探索和利用外层空间活动的法律原则宣言》。后来,联合国据此在1967年1月27日颁布了《关于各国探索和利用包括月球和其他天体在内的外层空间活动的原则条约》,简称《外层空间条约》,在包括苏联、英国和美国在内的5国签署并交存批准书后于1967年10月10日生效。

《外层空间条约》"确认为和平目的发展探索和利用外层空间,是全人类的共同利益,深信探索和利用外层空间应为所有民族谋福利,不论其经济或科学发展程度如何",并提供了使用包括月球和其他天体在内的外层空间的普遍原则和对成员国行为的指导,成为有关外层空间的最基础的国际法律框架。

《外层空间条约》规定:"所有国家可在平等、不受任何歧视的基础上,根据国际法自由探索和利用外层空间(包括月球和其他天体),自由进入天体的一切区域。""各国不得通过主权要求、使用或占领等方法,以及其他任何措施,把外层空间(包括月球和其他天休)据为己有。"

《外层空间条约》要求:"各缔约国保证,不在绕地球轨道放置任何携带核武器或任何其他类型大规模毁灭性武器的实体,不在天体上配置这种武器,也不以任何其他方式在外层空间部署此种武器。""各缔约国必须把月球和其他天体绝对用于和平目的。禁止在天体上建立军事基地、设施和工事;禁止在天体上试验任何类型的武器以及进行军事演习。"

《外层空间条约》"希望在和平探索和利用外层空间的科学和法律方面,促进广泛的国际合作",并要求"各缔约国应把宇航员视为人类派往外层空间的使节。在宇航员发生意外、遇难,或在另一缔约国境内、公海紧急降落等情况下,各缔约国应向他们提供一切可能的援助"。

《外层空间条约》规定:"各缔约国探索和利用外层空间(包括月球和其他天体),应以合作和互助原则为准则;各缔约国在外层空间(包括月球和其他天体)所进行的一切活动,应妥善照顾其他缔约国的同等利益,""月球和天体上的所有驻地、设施、设备和宇宙飞行器,应以互惠基础对其他缔约国代表开放。"

1980年11月3日,中国正式成为联合国和平利用外层空间委员会成员国,并于1983年加入了《外层空间条约》。

到1984年为止,联合国和平利用外层空间委员会又相继推出《营救宇航员、送回宇航员和归还射入外层空间的物体的协定》、《空间物体所造成损害的国际责任公约》、《关于登记射入外层空间物体的公约》和《指导各国在月球和其他天体上活动的协定》,从而建立了完整的和平利用包括月球和其他天体在内的外层空间 (图7-3) 的规范与行为的国际法律原则。

另外,到1996年为止,联合国还通过了《管理各国探索和利用外空活动的法律原则宣言》、《管理各国使用人造地球卫星进行国际

图7-3 国际外层空间合作的成果——国际空间站

广播电视直播的原则》、《关于从外空遥感地球的原则》、《有关在外空使用核能资源的原则》和《为全球利益探索使用外空的国际合作宣言(特别考虑发展中国家的需要)》5项决议。

在2000年的《中国裁军会议防止外空军备竞赛工作文件》中,中国提议裁军会议应该重建一个特别委员会来谈判和缔结一个国际法律文书,以禁止在外空试验、部署和使用武器及武器系统,从而防止外空的武器化及军备竞赛。2002年,中、俄联合一些国家向裁军会议提交了题为《防止在外空部署武器、对外空物体使用或威胁使用武力国际法律文书要点》的联合工作文件,提出了未来外空法律文书的初步基本概念。

这里特别要提到《指导各国在月球和其他天体上活动的协定》(《月球协定》)。它对月球非军事化的规定,比《外层空间条约》彻底、严格和具体。《月球协定》规定:"在月球上使用武力或以武力相威胁,或从事任何其他敌对行为或以敌对行为相威胁,概在禁止之列。利用月球对地球、月球、宇宙飞行器或人造外空物体的人员实施任何此类行为或从事任何此类威胁,也应同样禁止。""缔约各国不得在环绕月球的轨道上以及在飞向或飞绕月球的轨道上,放置载有核武器或任何其他种类的大规模毁灭性武器的物体,或在月球上或月球内放置或使用此类武器。""禁止在月球上建立军事基地、军事装置及防御工事,试验任何类型的武器及举行军事演习。但不禁止为科学研究或为任何其他和平目的而使用军事人员,也不禁止使用为和平探索和利用月球所必要的任何装备或设备。"

未来月球在战争中的作用

在冷战时代,苏、美竞相发展航天事业,争先恐后地探月、登月,从一开始就带着明显的军事目的。现在冷战虽已过去,可是人类航天活动中的军事色彩却愈加浓重。

40多年来,世界各国共发射各种航天器数千颗,其中大多数负有军事使命或可兼作军用,在侦察、预警、监视、通信、导航、气象、测地,乃至战略安全等各个方面为军事目的服务。在21世纪的头十几年中,还将有数千颗人造卫星被世界各国送上太空,参与太空开发的国家越来越多,开发太空的脚步越来越快,太空军事化的程度也随之越来越高。

现代战争对航天系统的依赖越来越大,不仅表现在部署军事卫星为传统战争方式提供支援这样的模式,而且航天技术也已经逐步直接介入战争的进程。一方面,为了争夺太空的主导权,可以利用各种新型的地面或太空武器直接攻击敌方太空中的航天器,另一方面,则可以利用太空中的航天器作为平台,直接对地球上的重要目标发动攻击。

早在20世纪80年代,美国就提出了著名的"星球大战"计划,企图利用部署在地面和太空中的各种先进的侦察手段和高科技武

器,组成对付敌方弹道导弹的拦截网。这个计划因受当时科技水平的限制而最终放弃,但美国就此提出一套完整的太空作战模式,并组建了军事航天机构。美国实际上一直在进行与太空战相关的技术发展研究,进入 21 世纪后,又把分散于各军种中的与太空相关的部队集中到空军,建立了空军航天部队,进一步推进太空战略的制定。同时,美国政府还提出了新版本的"星球大战",即国家导弹防御计划。2001 年 1 月 22 日,美国举行了代号为"施里弗(Schriver)2001"的人类历史上首次太空军事演习。

继承了苏联航天科技成果的俄罗斯,是目前世界上唯一可以与美国在太空一较高下的航天大国。面对美国加紧太空军事投入,俄罗斯于美国"施里弗 2001"太空战演习后的第 4 天,批准了组建太空部队的方案。2001 年 5 月 8 日,美国宣布对太空防御策略进行重大调整,加快"天军"组建步伐,俄罗斯随之决定把自己组建太空部队的日期提前到 6 月 1 日,先于美国建立了"天军"。美、俄两国新一轮的太空争夺,越来越带有明显的火药味。目前,除了美、俄两国以外,还有一些拥有航天能力的国家也在发展太空军事系统,以期占据战略主导地位。

太空是人类继陆、海、空之后的第四活动领域,太空军事化进程的加快,向人们表明,太空战争的幽灵有可能悄然来临(图7-4)。

月球是太空中离我们最近的自然天体,这就决定了月球不可能置身于人类的太空争夺之外。美国的"阿波罗号"系列登月计划,本身就是当时美苏太空争霸的产物。正如美国航天史家艾米所尖锐指出的:"没有苏联在 1961 年的首次载人太空飞行,就不会有整个 60 年代美国人在载人登月方面的奋发图强。"

1972 年,美国的最后一艘"阿波罗号"飞船登月,随后,在将近 20年的时间里,月球就仿佛被各国的航天部门忘记了。苏联由于在载人登月领域遭受重大挫折,从此把航天发展的重点转向空间站,并取得了领先于美国的地位。而美国,尽管"阿波罗号"计划取得辉

图 7-4 轨道炮拦截洲际导弹的设想图

煌成功,却由于其目的主要是为政治斗争服务,科学目标不高,目的达到之后便失去了最有力的推动力量。

不过,最重要的是,要进一步推进登月任务,比如说在月球上建立基地,不是那时候美国的经济力量能够支撑下来的,而且技术力量也还不成熟。既然连苏联也已经在与美国的竞争中败下阵来,暂时放弃了登月计划,那么在此后相当长的一段时间内,也就不可能有哪个国家染指月球了。

17 年后,俄罗斯和欧洲的航天竞争实力日益增强,美国才重新激活了月球探索计划。1989 年 7 月 20 日,美国在纪念登月成功 20 周年之际,宣布了要重返月球。按照当时的计划,美国要在此后 20 年内,耗资 1000 亿美元,在月球上建立"月球城",并于 2007 年向月球运送 100 名居民,以后逐步增加到 1000 名。

由于种种原因,美国的上述计划未能按原定进度实施。进入 21

世纪以后,不但俄、欧的航天竞争实力进一步增强,明确提出了登月计划,而且中国、日本、印度等国也相继把探月作为自己的奋斗目标。在这种情况下,美国政府在 2004 年 1 月 14 日又宣布将在 2015 年前将美国人重新送上月球,并在月球上建造一个永久基地,目标是让人类"在那里生活和工作越来越长的时间"。

美国政府声称,它的新计划将是一次和平的努力,但赞成者和批评者都认为,这一计划有助于把美国的军事霸权进一步扩大到太空领域。人们不会忘记,早在 20 世纪 60 年代,时任美国总统的肯尼迪(John F. Kennedy)说过一句名言:"谁控制了太空,谁就控制了地球。"

20 世纪初,英国地缘政治学家麦金德(Halford John Mackinder)曾根据当时世界各个地区在国际政治中的地位,把欧洲和俄国称为全球力量的"心脏地带",而把整个欧亚大陆和非洲称为"世界岛",并提出了如下的地理政治法则:"谁控制了东欧,谁就统治了心脏地带;谁控制了心脏地带,谁就统治了世界岛;谁控制了世界岛,谁就统治了世界。"肯尼迪的话,实际上就是麦金德的地理政治法则在太空时代的延伸。太空是一个没有疆界的新的区域,谁抢先一步,谁就能在那里获取更多的利益,占据战略上的主动。

进入 21 世纪后,随着重返月球新高潮的掀起,开发月球的宏伟前景展现在人们面前,有人据此对麦金德法则进行了新的演绎。他们把延伸到离地球 5 万千米的高空称为"环地球太空",认为"谁控制了环地球太空,谁就控制了地球;谁控制了月球,谁就控制了环地球太空;谁控制了 L_4 和 L_5,谁就控制了地月体系。"

这里所说的 L_4 和 L_5,是指太空中位于月球轨道上的两个点,一个在月球前面 60°,另一个在月球后面 60°,它们跟地球、月球构成两个等边三角形(图 7-5)。如果在这两个点各建立一个太空站,那么这两个太空站将与月球同步地围绕地球转动,在军事上,则可以对地球和月球起到全天候、全方位的监视和扼制作用。

　　1980年,美国退役中将格雷厄姆(Daniel O. Graham)出任里根总统竞选的国防顾问,提出所谓"高边疆"国防战略思想。次年,里根政府上台,格雷厄姆即组建了"高边疆"研究小组,并于1982年3月3日抛出以《高边疆——新的国家战略》为题的研究报告。他所说的"高边疆",就是太空领域。按照这一战略思想,历史上对于开拓国家边疆具有独特情结的美国,应该对地球的外层空间进行新的开拓,从而使得太空领域成为美国新的边疆。

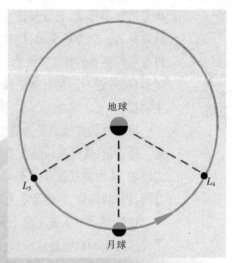

图7-5　月球轨道上的L_4和L_5点

　　以美国为首的世界军事大国认为,太空正在成为综合国力的新增长源。有人提出:"到21世纪,国家对太空能力的依赖就像19世纪和20世纪工业的生存与发展对电力和石油的依赖一样,太空将进一步成为国家安全和国家利益的'重心'。"

　　如今,现代作战已经不能离开太空系统。自20世纪90年代以来,美国打的几场现代局部战争中,军用太空系统都显示了巨大的作用。曾任美国空军航天司令部副司令的德科克(Roger G. DeKok)中将明确指出:"下一次战争将在哪里打?如何打?我们当然不知道。但是,我们确实知道一件事,这就是控制整个空中和太空将是取得成功的关键。"

　　现在,"制天权"这一概念在世界上已经具有了很大的影响。拥有了制天权,首先能在开发和利用太空财富方面捷足先登,使本国的经济实力、科技实力和军事实力进一步增强。其次,拥有了制天权,就可以居高临下地发挥各种武器的威力,为任何高效高速的武器系统提供用武之地。再次,拥有了制天权,还有利于支援和保障地

面上的军事行动,充分发挥地面上武装力量的作用,达到理想的作战效果。总之,夺取制天权,对一国的经济、政治、军事等各个领域都将有极为重要的意义。谁能首先占领太空这个制高点,谁就拥有了制天权,并进一步拥有制空权、制海权、制地权、制信息权和战争的主动权。

格雷厄姆在他的高边疆战略中,把太空威慑的作用比做核威慑。他指出,威慑的精髓在于令对方对战争结果预测的不确定性大大增加,从而使其放弃进攻。在未来的军事斗争中,太空威慑由于自身所具备的优势,将逐渐成为军事威慑的支柱(图7-6)。

1957年苏联人造卫星上天以后,当时尚为美国参议员、后来当了美国总统的约翰逊(Lyndon Baines Johnson)曾说:"谁要是获得了控制太空的最后地位,谁就获得了对地球的控制权,不管他是出于独裁统治的目的,还是为了维护自由。"正因为如此,进入21世纪以后,世界各国纷纷加快了向太空、向月球进军的步伐,以期抢占太空以至月球等新的战略制高点。

图7-6 科幻电影中的太空战场面

幻想中的外星人占领月球

从科学的思辨角度来说,在宇宙中,单就银河系而言,其中就有数千亿颗恒星,而这些恒星中,像太阳一样周围有适合智慧生物生存的行星的,少说也有数十亿颗。在这些行星上,即使只有万分之一出现了像地球人这样的智慧生物,那整个银河系里也应该有数十万颗这样的行星。因此,外星人的存在,应该是毋庸置疑的。

问题在于,这些外星人都生活在离开我们极其遥远的地方。离太阳最近的恒星与我们相距4光年多,也就是说即使以光的速度飞行也要4年多才能到达。外星人要来访问地球,交通手段恐怕是一个很难逾越的障碍。

我们一点也不知道未来可能会访问地球的外星人将是什么模样。我们只能按照自己的样子来想象他们,即使把他们的外形想象得与地球人类有多么不同,可骨子里还是脱不了地球人的本性。他们要么与地球人不分彼此、和平共处,要么见人就杀、邪恶恐怖。我们无法在真正见到他们之前就确定,这些来访者是不是像某些地球人一样充满暴力,恃强凌弱,为了自己贪得无厌的欲望而到处发动战争。

也有些科幻作家把外星人想象成与人类完全不同的生物,比如说像虫,或者像巨蜥,等等。他们的思维方式跟地球人完全不同,也许在他们的意识中,一个地球人被他们杀死,就好比现在被毒蛇咬了一口而中毒身亡一样。他们根本没有要与地球人沟通的意识,他们把地球人视作危险的异类,时刻戒备着,地球人的任何行为都有可能被外星人视作对他们的攻击。他们一旦误以为地球人对他们的生存构成威胁,就会利用先进的技术抢先一步把地球人消灭。

还有些科幻作品想象太阳系与别的恒星周围的行星系发生了大战,甚至银河系里的各个行星系之间发生了大战。但是,如果不能从技术上解决超光速交通、超光速通信和超远距离侦察这几大问

题,这种行星系间的战争实在是没有任何可能的。试想,如果在不同行星系之间的旅行需要耗费很多代人的时间,这一代人派出的远征勇士,在路途上要靠一代代地繁殖后代来延续生命,到达另一颗恒星附近时已经是远征勇士若干代以后的子孙,这些子孙再回过头来看他们祖先在历史记载中记录下来的当初要发动这场战争的理由,也许会觉得十分可笑,他们也许会觉得跟另一颗星球上的也是很多代以后的外星人子孙和平共处是更好的选择。

因此,也许真有可能发生的与外星人的战争,还是那种跟来访的外星人因为无法沟通或者产生利益冲突而发生的一般意义上的太空战争。我们没有任何理由说这样的战争一定会发生,也没有任何理由说这样的战争一定不会发生。

如果像有的科幻作品中想象的那样,外星人大批来到地球附近,企图通过消灭地球人,把地球作为他们的移民场所,那么在这样的战争中,月球将占有特别重要的地位。很明显,外星人也会知道月球的这种重要地位,他们将首先企图占领月球;而月球一旦落到这些外星人手里,那么地球也就岌岌可危了。这些外星人将在月球上充分施展他们在技术上的优势,把月球作为跳板,向地球发动进攻。因此,地球人将首先打一场月球保卫战,把这些外星人抵御在地球的大门之外。

不难看出,科幻作品中的这类描写,真正的意图是在用地球人与外星人的这种战争隐喻未来人类争夺制月权的斗争。这从一个侧面使我们认识到月球在未来战争中所占有的重要地位,也让我们更深刻地认识到那些现代的地缘政治学说为什么要把控制月球放到控制环地球太空以至整个地球的高度来认识。科幻作品以虚幻的与外星人的战争向我们提出了一个非常现实的和真正值得高度重视的问题。

防止恐怖分子利用月球

现代战争还可能会由少数穷凶极恶的恐怖分子所挑起。这种战争在形式上与传统战争有很大不同：没有两军对峙的战线，没有前线和后方的区别，没有区别敌我的明显标志，它以残杀大批手无寸铁、毫无防备的无辜平民为目标，把原本生活在和平、幸福之中的善良人们在毫无思想准备的情况下一下子推入血泊之中，让人一想起来就不寒而栗。

有人担心，未来恐怖分子会不会也登上月球，把月球用作他们向地球发动恐怖袭击的基地？不过，至少就最近的几十年而言，登月还是只能以国家的财力和技术力量来开展的事情，能够登上月球的只是少数经过严格挑选和训练的宇航员，他们脱离地球之后的行为，包括在太空里和登上月球后的一切行为，都要受地面控制中心的严格监视和控制，他们的活动在技术上和客观条件上都还不可能独立地进行，任何企图摆脱地面控制中心控制的行为，对他们来说都是极其危险的，将不可避免地最终导致因无法返回地球而灭亡。因此，恐怖分子利用月球袭击地球，这样的危险暂时还不会发生。

不过，随着月球的开发，将有人开始在月球上长期逗留、生活和工作，上月球尽管还是少数人的事情，但不再是个别的宇航员，那时候很可能经常有几百人甚至上千人在月球上活动，对于上月球的人的审查很可能就不像现在这样严格，其中个别人的心理和道德素质也许就会存在某些缺陷。在那样的情况下，会不会由于某些原因，导致在他们中间滋生出个别恐怖分子，利用月球从事某种恐怖活动呢？

当然，即使在那时候，能够登上月球的，也还都是真正的精英分子，他们具有各种专业知识，在月球上从事各种开发建设工作。他们在月球上开发各种资源，进行各种实验，为自己的国家努力地工作。

然而，月球毕竟是一个没有生命的荒芜星球，一个个适合人类

生存的月球村在整个月球表面上也不过像汪洋大海中的几个孤岛。有些科幻小说就描写了当地球上的大多数人对极少数能够登上月球的精英分子充满羡慕时,这些精英分子中的某些人却由于长期处于孤独的状态,受到这种孤独情绪的影响,发生背叛,蜕化成了恐怖分子。

中国作家凌晨的军事科幻小说《月球背面》中,就向人们提出了这样的警告。这部小说虚构了在月球上长期工作的某些精英分子在某一天突然宣布,他们不再为自己的国家工作,他们要求独立,为自己工作。而且,这些精英分子以自己的高智商而狂妄自傲,信奉一种"精英论",认为地球上的大部分人基因拙劣,应该予以消灭。这种危险思想,不可避免地会遭到在月球上与他们一起工作的其他同伴的反对。于是,他们把这些同伴看作是基因不够优秀,智商较低,首先要消灭的对象。

如果这种情节在未来开发月球的过程中真的发生,那实在是一场悲剧。可是,这种情况确实十分可能发生,在历史上曾经出现过因为一个民族出现集体精英意识而导致的大屠杀。长期处于封闭状态的研究人员,很容易产生精神问题。在未来的月球村里,恰好符合这两个条件。

如果在未来的月球上真的出现这样一群恐怖分子,那将是极其危险的。比如说,他们秘密把持了某个月球村,在这个月球村里制造出某种地球上原本不存在的致命病毒,然后把这种病毒撒布到地球上,由于没有任何药物可以对付这种病毒,人类将大批死亡。或者,这些恐怖分子利用月球资源,制造出某种地球人根本无法抵御的大规模杀伤性武器,用来消灭地球上的大部分人。甚至,可以想象,这些月球恐怖分子与来袭的外星人勾结在一起,为虎作伥,把月球提供给外星人作为基地,一起屠杀地球人。

尽管这些都只是幻想,但作为一种危险,还是值得加以注意的。不过,未来在月球上即使真的滋生出这样的恐怖分子,那也只是极少数,他们的罪恶活动一旦被识破,必然会遭到月球上绝大多数人的坚决反对。在未来的月球上,将会组织力量,建立专门的安全保卫机构(图7-7),及时侦破这些恐怖分子的反人类活动,把他们拘禁起来押回地球予以关押和改造。

更好的办法是采取适当的措施防止出现上述情况。可以肯定,未来在月球上工作的精英们将经常拥有假期,他们在月球上的连续工作和生活时间决不会超过一年,通常只有几个月或者半年,然后他们就会有一两个月的强制休假,回到地球上。他们在月球上郁积的孤独情绪,将会在亲情中得到释放、缓解,从而使他们的心态重新达到平衡。

因此,那些科幻作品中所描写的月球被恐怖分子利用的情况是完全可以防止的。跟外星人占领月球的幻想一样,月球被恐怖分子占领的幻想,也是对于当前在地球上确实存在的某些危险的一种隐喻,就这一点来说,同样值得人们重视。

图7-7　想象中的月球基地保卫人员

未来月球战争怎么打

未来的太空战争和月球战争怎么打？很多科幻作品中有很精彩的描写。不过，那与未来战争的真实情况也许差得很远。

美国空军于2005年2月4日至11日在内华达空军基地举行"施里弗3号"太空军事演习，这是"施里弗"系列军事演习中的第三次。它将时间设定在2020年，演习的情景设定包括几起全球范围内多个地区出现的冲突，并假想美国干涉保护一个正受邻国攻击的国家。假定的对手是恐怖分子和民族行动者。这次演习的主要目的，是借"反恐"之名，在总结近几次高技术局部战争经验教训的基础上，进一步探讨航天技术和新型装备如何直接支持美军未来的联合作战。

从"施里弗3号"太空军事演习，我们可以看到未来太空战争和月球战争是怎么打的一些端倪。先前，美军从"施里弗2号"太空战模拟演习中曾得出一条最重要的结论："美国非常依赖空间，但空间系统非常脆弱。"为此，"施里弗3号"把空间系统防护作为演习的一项重要内容。这次演习的具体方案和细节不详，但从中仍可以看出，美军十分重视把航天装备和陆海空装备无缝集成，以提高美军联合作战能力；十分重视空间系统防护，以保持美国的太空优势；开始发展距地面20~100千米的"临近空间"飞行器，用于情报收集和通信保障等，与卫星和无人机配合，以进一步增强美军的信息优势。

像前两次军事演习一样，"施里弗3号"的特点是所谓的太空控制作战，包括反制对手卫星的能力。然而，此次演习的焦点是使用暂时、可逆性方法破坏敌方的太空资产，而不是摧毁它们。在未来的太空战中不考虑破坏敌方的卫星将是"愚蠢的"，但太空武器化不是目的所在，目的是如何最好地使用太空以解决陆地战争的挑战。

"施里弗3号"演习中尚未考虑月球在未来太空战争中的作用。但是，可以想象，在更遥远的未来，月球作为地球的天然卫星，不像人造卫星那样容易遭到敌方破坏,绝对会在战争中起到极其重要的作用。

很多科幻作品写到未来战争中将会使用的高科技先进武器(图7-8)。受这些作品的影响,很多人认为,将来在太空中不会再使用现在的导弹之类的武器,随处可见的将是一些神奇的高能武器——一道亮光闪过,地球上一个大城市顷刻就灰飞烟灭。

可是幻想不能代替科学。例如,以激光武器而言,在科幻作品中,大到能够一炮轰掉一颗星球的激光大炮,小到可以佩在太空战士腰间的激光短剑,是最常见的。那么,这种武器真有那么神奇吗?

激光武器能量集中,能够以光速射击数千千米以外的目标,其"弹道"就是光线的传播路径,任何目标只要被激光武器瞄准,瞬间就会被击中,根本无法逃遁。然而激光武器需要有足够的能量,而且这些能量要能够累积起来在瞬间释放出去,才能构成一定的杀伤力。这对于固定的激光大炮当然不会成为太大的问题,可是便携的激光短剑不可能配备巨大的储能装置,其杀伤力就会受到很大限

图7-8 许多科幻作品表达的一种观念:太空战争带给人类的将是毁灭

制。此外，一切可以用来防护光的手段都可以用来防护激光武器，例如使用反光性能优异的镜面，就可以使得激光武器完全失去杀伤能力。

还有一种粒子束武器，比激光武器更有威力。这种武器通过特定的装置把电子、质子或离子加速到接近光速，聚集成密集的粒子束流直接射向目标。粒子束武器比激光武器有更大的动能和贯穿力，而且不能用反光镜加以防护。但是，粒子束的有效射程比激光短得多，在大气中最远只能达到几千米，在太空中也不超过上百千米。另外，这种武器需要配备的粒子加速装置甚至比激光武器还要巨大。

微波武器是一种真正适用于未来太空战争的武器，它发射高强度的、会聚的微波束来杀伤敌方的人员和武器装备。美国已经在一些战争中开始实际使用这种武器。这种武器对目标进行的是软杀伤，以干扰或烧毁目标武器系统的电子元件、电子控制和计算机系统为目的，造成这种破坏所需要的能量比激光武器小几个数量级，因而技术难度相应小得多。

随着纳米技术在军事中的应用，目前已经研制出许多种微型武器。这类武器的体积极小，尺寸一般在几毫米到几十毫米之间，质量只有几克到几百克。在不久的将来，可能会有成百上千颗微小卫星在中、低轨道围绕地球运行。作战用的火箭也将可以微型化，甚至可以在手掌中发射。微型武器隐蔽性好，不易遭到攻击，但功能强，可以完成丛林搜索、侦察成像、情报收集、目标定位、通信中继和杀伤敌人等多种任务。

在太空战中，反卫星武器是不可缺少的。自杀卫星就是一种反卫星武器。这种武器装备有常规弹头或核弹头，当与目标卫星距离小于 30 米时，会按照地面控制中心的指令爆炸，击毁敌方卫星。这与美国现在正在试验和配备的国家导弹防御系统在原理上是相似的。这些新型武器目前还在继续改进，到 21 世纪 50 年代或更早些时候可能成为装备各国天军的常备武器。

世界不会坐视月球军事化

目前全世界有 130 多个国家在从事太空活动，其中有 20 来个国家利用本国或他国的运载火箭发射了自己制造的人造地球卫星。相比之下，迄今已经实现载人登月的仍然只有美国一家，曾经向月球发射过无人探测器的，也只有美国、苏联/俄罗斯等极少数国家。现在，中国、日本、印度、一些欧洲国家也相继提出了探月和登月的计划，并且已经开始实施。预计到 21 世纪的第二个和第三个 10 年中，各国的探月、登月活动将会出现高潮。到 21 世纪中、后叶，各国对月球也许就会出现激烈竞争。

不受规则控制的恶性竞争必然会导致对抗和走向战争。此外，太空和月球战争的危险还来自某些国家企图利用太空和月球为其全球战略服务。在某种意义上，这就像在构筑无形的太空战船(图 7-9)。

图7-9　科幻作品中的太空战船

军事专家普遍认为，太空军事力量的快速发展，像20世纪的飞机一样，将从根本上改变21世纪战争的格局。然而，世界上爱和平、求稳定、求发展的人们决不会坐视太空军事化。他们对太空的武器化，以及日益临近的太空战危险纷纷提出警告。1999年，联合国秘书长安南在越南主持召开防止太空军事化的会议时说："我们必须防止太空被不当使用。……我们不能坐视辽阔的太空成为我们地面战争的另一个战场。"甚至美国参议院军事委员会委员罗布也表示，研制太空武器将是"一个具有历史后果的大错误"。

世界人民的和平愿望，是太空和平与安宁的思想基础。在当代的地球上，法制化、民主化已经成为保证一个国家社会政治稳定、人民安居乐业、经济技术发展的必要条件，这也是处理国与国之间关系的正确途径。随着太空和月球开发步伐的不断加快，用法律规范世界各国的行为，确保太空和月球资源的和平开发和利用，保证太空和月球的和平与安宁，已是势在必行。

人们已经有了《外层空间条约》和《月球协定》，1999年11月，联合国又通过决议，重申各国应遵守《外层空间条约》。138个成员国签署了这项决议，只有美国和以色列弃权。这些条约和协定对各国航天活动的有序开展起到了积极作用，对未来的太空和月球战争也具有一定的制约作用。

1982年，根据联合国大会决议，日内瓦裁军谈判会议将"防止太空军备竞赛"列入议程。在此后的20多年里，又多次讨论过防止太空军备竞赛的问题，包括中国在内的大部分国家一再强调防止太空武器化的重要性和迫切性，要求彻底禁止研制、生产、部署和使用一切太空武器。

但是，现在这些涉及太空和月球的国际法律制度，尚不能从根本上阻止核武器以及其他类型的武器进入太空。当前，摆在国际社会面前的一项急迫任务，就是尽快地谈判和缔结全面禁止太空武器的国际条约，根本排除太空和月球军事化的可能性(图7–10)。

图7-10　想象中的太空战

　　大国之间在一定程度上保持太空力量的平衡,也是维护太空和平的一个保障因素。由于建立和维持一支功能齐全、种类繁多、数量充足的太空力量费用巨大,目前世界各主要军事大国都在努力寻求太空军事领域的国际合作。美军联合航天司令部在《2020年设想》中提出了"全球伙伴关系"概念,声称:"全球伙伴关系是一种充分利用来自国内和国外的军用、民用、商业、情报和国际等各种机构的资源,以增强国防部航天能力的概念。"进入21世纪,军民兼顾、国际合作已成为世界航天发展的一种重要趋势。这些联合和合作,在一定程度上可以形成互相牵制的机制,客观上对太空军事化能够起到一定的遏制作用。

　　在国际航天合作中,既有技术合作,也有政治合作;既有民用航天合作,也有军事航天合作。苏联的"和平号"空间站上多次迎来美国宇航员,美国航天飞机上经常搭载不同国籍的科学家。正在建设中的国际空间站,由美、俄、法、德、英、意、日和加拿大等16个国家参与,成为悬浮在地球上空的人类团结的象征。还有人设想,可以模

仿南极洲探测和开发模式,全世界共同合作,实施登月和开发月球的伟业。例如,美国和加拿大已经为印度的计算机软件和火箭技术力量所吸引,决定与印度进行月球探测方面的合作。

但是,事物总有两个方面。由于某些军事强国不遵守国际公约、一两个国家左右国际战略格局的状况始终没有发生根本转变,国际法规对于他们来说只能用于规范他国,不能用于规范自己。而且,其他国家没有惩治和制约大国的手段和能力,国际法规难以得到尊重和执行。

国际条约和法规本身也有过偏袒和不公正的历史,大国常常利用国际条约和法规中的偏颇和缺陷,使小国的利益得不到保障和尊重。意识形态和社会制度的对立、文化素质和文化水准发展的不平衡,使许多国家难以对国际法倾注更大的热情,导致了猜疑以及对这些法律的不信任。而法律保障的不得力,必然导致对武力的迷信和依赖。为了自身的安全和利益而盲目地发展武力,自身武力的发展又危及他国的安全,这种恶性循环仍在推动太空的军事竞争和武器竞争。

例如,20世纪60年代制定的《外层空间条约》,只禁止在太空中部署核武器和大规模毁灭性武器,但对哪些武器属于大规模毁灭性武器未作任何说明,也没有禁止试验和发展太空武器,没有禁止以后出现的像高能激光武器等新型武器,而且,这个条约根本没有禁止在太空中使用任何武器。

1972年美、苏缔结的《反弹道导弹条约》,就因为存在类似的漏洞而被美国利用,先是公然违反,继而干脆单方面退出。该条约的核心是通过禁止双方发展全国性反弹道导弹系统来确保对方的核威慑力,维持双方的核力量平衡,其作用本来就比较消极。不过,在国际上还不可能就全面禁止和销毁核武器达成协议并付诸实施的情况下,这个条约毕竟仍起了一定的作用。1993年,美国为了全面发展反弹道导弹防御系统,向苏联的继承者俄罗斯提出就这个条约的某些问题进行谈判,1997年又明确要求对其进行修改。2001年,美国终于宣布单方面退出这个条约。

　　个别大国无视国际合作和国际条约,在国际事务和国际关系中推行单边主义的行为,使国际军控前景难以预料,太空的安全也就必然面临严重威胁。因此,按照目前这种国际局势的发展,就不能排除将来会有某些国家背着联合国,秘密在月球上建立军事基地,把月球作为太空军事平台。要想阻止这样的事情发生,必须依靠世界各国的合作,尤其是实力雄厚的航天大国之间的真诚合作。

　　人们把殷切的目光投向联合国,希望有朝一日,联合国大会就月球问题召开特别会议,并作出决议,把月球建成一个"世外桃源"。那里没有国家和地区的限制,没有宗教和种族的冲突,但有一套完整的国际管理机构。为了保证未来月球上的国际管理机构能有效地行使职权,月球上还必须部署一支联合国太空维和部队,或者说"月军",时刻防范少数国家独霸月球的野心。

　　也许多少年之后,在月球上将会有一批忠诚勇敢的卫士,睁大警惕的双眼,保卫着地球和月球的和平(图7-11)。

图7-11　未来在月球上担负着保卫和平任务的忠诚卫士想象图

保卫月球和平的强大力量

1988 年 5 月,美国宇航员阿姆斯特朗访问中国,在演讲时,他说了一段意味深长的开场白:"人类第一位向往飞向月球的是谁?是中国古代的一位美丽姑娘。人类第一个登上月球的是谁?是一个美国人。那位美丽的中国姑娘就是嫦娥,那个美国人就是我。"

每一个中国人听了阿姆斯特朗说的这段话,无疑都会别有一番滋味在心头。正如中国空间技术研究院顾问王希季所说:"中国对发展载人航天的需求,既有现实考虑,也看重精神方面。绝大部分中国人都希望看到中国宇航员能遨游太空。作为一个在世界航天领域中处于前列的国家,如果一个中国人都不能上天,很多中国人的心理感觉会难以接受。"

中国发展探月、载人登月和开发月球的事业,正是出于这样两个方面的考虑,完全是为了和平的目的。中国国家主席胡锦涛说:"我们将同国际社会一道,坚持和平开发利用外层空间的方向,不断推进人类和平与发展的崇高事业。"

世界在呼唤着和平,在建立 21 世纪和平、稳定、繁荣、兴旺和公正的国际政治经济新秩序的进程中,中国作为世界上人口最多的大国,担负着神圣的重大使命。同样,在维护太空和月球的和平与安宁方面,中国也担负着神圣的重大使命(图 7–12)。为此,中国必须要有更先进的航天技术和太空力量。只有具备了更强的航天实力,中国才能在世界航天舞台上拥有本该具有的更大的发言权。

太空资源的开发尚刚刚开始,月球还是未开垦的"处女地",这为中国参与世界开发太空和月球提供了良好的机遇。中国必须力争抢占先机,加快发展,才能在太空中和月球上占有一席之地。按照中国航天事业发展的宏伟蓝图,随着"嫦娥工程"的一步步向前推进,月球上迟早会留下中国人的脚印。中国一旦实现载人登月,就将成为月球开发的创始成员国之一,对未来月球的开发拥有重要的发言权。

图7-12 中国航天成为保卫太空和平的强大力量

2000年11月,我国发表了第一份中国航天《白皮书》,公开阐明中国发展航天事业的宗旨是:"探索外层空间,扩展对宇宙和地球的认识;和平利用外层空间,促进人类文明和社会发展,造福全人类;满足经济建设、国家安全、科技发展和社会进步等方面日益增长的需要,维护国家利益,增强综合国力。"

《白皮书》就中国在航天领域内的国际合作指出,"中国一贯支持和平利用外层空间的各种活动,主张在平等互利、取长补短、共同发展的基础上,增进和加强空间领域的国际合作",并指出国际空间合作应遵循1996年第51届联合国大会通过的《关于开展探索和利用外层空间的国际合作,促进所有国家的福利和利益,并特别要考

虑到发展中国家的需要的宣言》中提出的基本原则。

中国在太空领域的国际合作始于 20 世纪 70 年代中期。20 多年来,中国通过双边合作、区域合作、多边合作以及商业发射服务等多种合作形式,取得了广泛的成果。1980 年 6 月,中国首次派出观察员代表团参加了联合国外层空间委员会第 23 届会议,同年 11 月 3 日,联合国正式接纳中国为该委员会成员国。中国于 1983 年和 1988 年先后加入了联合国制定的《外层空间条约》、《营救协定》、《责任公约》和《登记公约》,并严格履行有关责任和义务。

中国第一个太空人杨利伟乘坐"神舟五号",手持中国国旗和联合国旗,在太空中用中、英两种语言呼吁"和平利用太空,造福全人类",向全世界传达了中国人渴望世界和平的心声。未来和平开发和利用太空资源,肯定要走国际合作的道路,中国也不排斥参与国际合作进行太空探测。中国实施"嫦娥工程"探月计划,最终目的是要实现载人登月,与有关国家共建月球基地,开发利用月球,为人类和平利用太空、让太空造福人类作出重大贡献。在实施推进这项工程的过程中,中国的航天实力必将能进一步加强和提升,并成长为一支保卫月球和平的强大力量。

图8-1　飞向更遥远的世界

第八章　更遥远的世界

火星生命和火星上的水

　　探月、登月和开发月球,这只是人类走向太空征程中的一步。月球离开地球只有 38 万多千米,若放眼整个宇宙,可以说就在地球的家门口。人类当然不会满足于把活动局限于家门口,他们的眼光已经投向了更遥远的世界(图8-1)。

　　火星是地球的邻居,也是太阳系内唯一一颗具有可能适合生命存在的条件的行星。它很自然地就成了人类实现登月梦想之后力图造访的下一个星球。因此,人类在探月的同时,也开始了对火星的探测。

　　早在人类第一颗人造地球卫星上天之后仅仅 3 年,第一个月球探测器飞向月球之后仅仅 1 年 9 个月,把它们送上天的苏联就曾在 1960 年 10 月 10 日和 14 日发射了两个火星探测器。但是,发射失败了。它们均连环绕地球的轨道都未能进入。

　　现在, 得到世界公认的第一个飞向火星的探测器是苏联在 1962 年 11 月 1 日发射的"火星 1 号"。它本该在 1963 年 6 月 19 日在离开火星 31 万千米远处掠过火星,然而 1963 年 3 月 21 日,它突然间就与地球失去了联系。

　　两年之后, 美国于 1964 年 11 月 5 日发射了预定飞向火星的"水手 3 号"探测器。这个探测器穿过了地球低层浓密的大气后,本该把安置在探测器前端的防护罩抛掉,却没有能够成功。后来,它的太阳能电池板也没能伸出。结果,它也像"火星 1 号"一样,成了一颗默默环绕太阳运行的人造行星。

　　成功是在相隔 23 天之后取得的。1964 年 11 月 28 日, 美国发射了又一颗飞向火星的探测器"水手 4 号"。次年 7 月 15 日,"水手 4 号"从距离火星表面约 1 万千米处掠过,发回了 21 幅如此近距离拍摄的火星照片,这是人类探测火星取得的首批成果。

　　此后, 至 1974 年的 10 年间,苏、美又各发射了数个火星探测器,有的又失败了,有的拍摄了更多的火星表面近距离照片。人类在探测火星道路上又跨出一大步是在 1975 年。这一年的 8 月 20 日和 9 月 9 日,美国先后向火星发射了两个"海盗号"探测器(图 8-2),它们分别于次年 7 月 20 日和 9 月 3 日在火星表面着陆,并在火星上工作了 3~4 个月。

　　"海盗 1 号"和"海盗 2 号"是两个同样的探测器,分别着陆在火星的东半球和西半球,相距约 180°。它们携带了许多精密仪器,除了对着陆点周围火星表面的景色拍摄彩色照片以外,还对火星的土壤进行了分析,测量了火星上的风速、气压、温度等,并确定了火星大气的成分。两个着陆器看到的火星表面景象大同小异,都是一片荒

图 8-2　"海盗号"火星着陆器外形

凉,胜似地球上的沙漠。

　　在"水手9号"从火星上空拍摄的照片上,可以看到火星表面有许多河床似的痕迹。在两个"海盗号"拍摄的照片上,这种特征更多,可以更有把握地判断它们其实是干涸的河流。"海盗号"还发现火星大气中存在水蒸气,尽管其含量比地球上沙漠中的还少。这使得人们想到火星上应该有水,这些水也许被永远冻结在火星的土壤中。"海盗号"着陆器挖了一勺火星土壤进行加热,结果丧失了大约1%的质量,这失去的质量有可能就是土壤中所含的水。

　　火星上荒凉的景象让人很难想象那里会有任何比较高级的生命形式,但既然有水,那就有可能存在某些简单的生物。"海盗号"着陆器为此用火星土壤做了3种不同的实验。第一项实验通过加热分解检验火星土壤中是否存在能吸收二氧化碳或一氧化碳的生物,实

验分别在黑暗和光照、干燥和潮湿的环境中进行。第二项实验用地球生物所能利用的简单含碳化合物水溶液处理火星土壤,看火星土壤中是否存在能"吃掉"这种有机物的微生物。第三项实验是在火星土壤中渗入一种富含有机物的液体,然后监测气体的代谢变化,看火星土壤中是否存在具有气体交换能力的生物。3项实验的结果或者模棱两可,或者即使有变化,也是短暂的,是火星土壤中某些不寻常的铁化合物所致。

最后,"海盗号"着陆器还做了一项实验,把火星表面和地下的物质样品加热到500℃,然后用专门仪器分析析出的气体,以便探测是否存在有机分子。结果,在两个着陆点都未探测到任何有机分子。如果在火星土壤中连有机分子都不存在,那怎么还会有生命呢?

这两个着陆点都位于最有希望存在生命的冲积平原上,要是连这种地方都没有生命,火星上的其他地方似乎就更不可能有生命了。"海盗号"着陆器上的分析仪器极为灵敏,可以在地球上最没有指望的不毛之地和干旱的沙漠中找到微生物。可是,两个着陆器却一致地得出了在火星上甚至连微生物也不存在的结论。"海盗1号"和"海盗2号"对火星的探测,不但没有解开火星生命之谜,反而使这个谜变得更加费解了。

在两个"海盗号"探测器对火星进行探测以后有10多年,对火星的探测活动一时沉寂了下来,火星上究竟有没有生命依然困扰着人们。从1988年起,以苏联发射两个"火卫一号"探测器为标志,人类重又掀起了探测火星的热潮。

不过,这第二次热潮的开局也很不顺利。"火卫一1号"发射后仅一个多月、离火星还很远,就由于地面指挥中心的错误指令,与地球失去了联系。相隔几天后发射的"火卫一2号",在太空中飞行半年后到达目的地,在随后的两个月内发回了火星本身及其卫星火卫一的一些照片,但真正的探测工作尚未开始,也出现了故障,然后就没有消息了。

　　1992年9月25日，美国发射了"火星观测者号"。次年7月26日，这个探测器到达火星后的第三天，获取了第一幅火星图像。它预计工作一个火星年，即地球上将近两年的时间。然而，仅仅过了不到1个月，它就与地球永远失去了联系。

　　1996年11月16日，俄罗斯发射了"火星96号"。这个探测器载有20台实验和探测仪器，两个着陆器，着陆器上带有挖掘器，可以探测火星表面下6米深的土层。可是它升空以后，由于发射火箭故障，根本没有能够进入太空，几个小时后就坠入地球大气层烧毁了。

　　这一年美国接连发射了两个火星探测器。其中，"火星全球勘探者号"于11月7日发射，"火星探路者号"于12月4日发射。由于后者采用了更为快捷的轨道，反而先于前者在次年7月4日到达火星。"火星探路者号"到达火星以后，向火星表面释放了一辆名为"旅居者号"的火星车。

　　"旅居者号"对火星表面进行了一个多月的漫游考察，考察的范围超过100米。这与当初"海盗号"着陆器只能作原地考察相比，已是极大的进步。科学家们原本根据"海盗号"的探测结果，猜测火星历史上曾经发生过特大洪水。"火星探路者号"尤其是"旅居者号"的漫游考察结果证实了这种猜测。据估计，当时的洪水曾经淹没了像地球上的地中海那么大的地区，洪水流量高达每秒100万立方米。可是，如果这是真的，那么，这么多水现在到哪里去了呢？这又是一个不解之谜。

　　"火星全球勘探者号"到达火星比"火星探路者号"晚了差不多2个月。它在到达火星以后，就进入了环绕火星运行的轨道，在380千米高空，用一架高清晰度照相机拍摄火星表面的图像，能分辨只有几米的火星地形细节。另外，它还载有一台激光高度计，可以测量火星表面地形的海拔高度。

　　"火星全球勘探者号"获得的图像和数据进一步证实，大约在40亿年前，火星或许曾经有过大量的液态水。根据对火星两极的勘

测,如果火星两极的冰冠全部是冰,那么把它们融化以后,均匀地分布于火星全球,水深可达二三十米。

火星上如果真的曾经有过大量的水,那么就应该曾经具有过非常适合生物生存的条件,在火星上存在生命就当然是题中之议,而如果现在的火星上还有大量的水,那么对于人类开发火星、移居火星就是不可多得的有利条件。因此,"火星探路者号"和"火星全球勘探者号"的探测结果,极大地鼓舞了人们对火星进行更加全面、深入的探测的愿望。

1998年12月,美国又向火星发射了"火星气候轨道器"和"火星极地着陆器"两个探测器,前者计划对火星气候进行为期5年的探测,但在到达火星后仅工作了5分钟就与地球中断了联系。科学家原来希望后者能帮助弄清火星极冠内究竟有没有冻结成冰的水,可是1999年12月3日它登陆火星后就没有按计划传回着陆信号,并就此失踪。

1998年7月4日,日本也发射了一颗火星探测器,后来命名为"希望号"。由于驱动问题,它没有按照预定轨道飞行。2002年,"希望号"电子线路因遭太阳强耀斑爆发袭击而损坏。2003年12月14日,它在离火星表面894千米处掠过,未能对火星进行任何探测。

2001年4月7日,美国又向火星发射"火星奥德赛号"探测器,它于同年10月成功进入环绕火星的轨道开始正常工作。这个探测器的重要任务是在火星上寻找现在仍然存在水的证据,它通过测量火星土壤中氢元素的含量来判断是否存在水。它所取得的探测结果表明,在火星上存在大量的氢,这表明火星上可能存在大量的冰。

2003年6月和7月,欧洲的"火星快车"以及美国的"勇气号"和"机遇号"相继开始了火星之旅。这3个探测器的任务都是要在火星上寻找存在水的更确凿的证据。它们都携带了着陆器,但"火星快车"的着陆器"猎兔犬2号"着陆失败,"火星快车"本身则成功地作为火星的一颗人造卫星对火星进行了预定的考察(图8-3)。2004年

1月,"勇气号"和"机遇号"相继成功登陆火星,各释放出一辆火星车,执行对火星的考察任务。它们直至2007年9月还在继续工作。"火星快车"探测器搜集的数据表明,干燥的火星表面下面可能有着以大块浮冰形式存在的冰冻海洋。"勇气号"和"机遇号"发回的资料表明,火星上很可能确实存在水。

2005年8月12日,美国成功地又发射了"火星勘察轨道器",其主要任务是确定火星上是否曾经有生命,描绘火星的气候特征和地质地貌,并为人类登陆火星做准备。

2007年8月4日,美国又发射了"凤凰号"火星探测器,它将在火星北纬65°~75°之间登陆,以探测那里可能存在的水冰和有机化合物。

从火星旅行到移民火星

按照美国总统布什在2004年1月14日宣布的美国新的太空发展计划,美国将利用新型空间探索飞行器,在2017年前后把人类

图8-3 "火星快车"拍摄的火星北极冠

送上月球表面,并在有了月球上得到的经验和知识以后,进一步把人类送上火星(图8-4)甚至更远的星球。欧洲空间局在此前一天也宣布,计划在2024年首先登陆月球,然后也将造访火星。俄罗斯政府将在未来10年内实施一系列空间探测计划,包括向火卫一发射一艘取样返回探测飞船。中国目前虽然还没有具体的载人火星飞行计划,但如何开展火星探测也已经提到了议事日程上。

目前人类的火星之旅还面临着很多难题,它们正在解决之中,有些问题则已在某种程度上得到了解决。

长期以来,美国约翰逊航天中心的太空飞行医学小组一直在研究低重力对人类骨骼的影响,结果发现长时间处在低重力或失重状态下并不会对人体产生严重影响。俄罗斯宇航员曾经在"和平号"空间站上连续飞行438昼夜,身体并没有受到太大的伤害。

载人火星飞行每次需要大约3年时间,在此期间,宇航员受到太阳系和银河系宇宙辐射的总量会超过允许值一倍。为了保障宇航员的安全,可以在飞船上设置辐射防护舱,并且研究积极防御的办法。

在火星旅行中,最让人担忧的还是宇航员们将要承受的巨大心理压力。他们将面临与"和平号"空间站或国际空间站里的宇航员完全不同的境遇。太空在他们眼中将是漆黑一片,地球不过是这黑暗太空中一颗显得格外明亮的星星。当你想到在这茫茫黑暗之中,你与真空的外界仅隔一层薄壁,而你与自己的家园相隔那么遥远,某些小小的意外事件就有可能使你永远无法返回地球,这些都会使宇航员产生可怕的恐惧心理。美国国家宇航局正在开发一种能监测宇航员心理健康并进行心理治疗的计算机软件,准备让其在旅途中担当心理医生的角色。

火星飞行需要较长的时间,宇航员需要携带大量的氧气、水和食物。在未来的火星飞船中建立先进的生命保障系统,最大限度地循环利用人体排出的废气和水分,将可以大大地减少飞船的负荷。另外,飞船到达火星以后,可以设法把火星大气中微量的游离态氧

图 8-4 人在火星上想象图

收集起来，对飞船进行补充，供为数不多的登陆火星的宇航员使用。

也有人提出，载人火星旅行可以使用两艘飞船，其中一艘是载人飞船，另一艘是货运飞船，搭载的是回程用的物资和燃料。货运飞船先把这些物资和燃料运到环绕火星的轨道上，然后载人飞船再出发。载人飞船可以在环绕火星飞行的轨道上与货运飞船对接，获得补给。更进一步，还可以考虑先在环绕火星的轨道上建立一个火星空间站，作为人类登陆火星的中转站和补给站。最初踏上火星土地的人们，就像到了月球上一样，必须居住在完全密闭的基地中。

一些科学家很早就在考虑把火星改造成人类新家园的计划。1991 年，美国国家宇航局的科学家提出了一个开发、改造火星的五阶段计划。

第一阶段为开拓期，预期为 2015~2030 年。在这一阶段，人类先遣队将率先登上火星进行考察。他们将生活在地球上预制的密闭舱内，每个舱可居住 12~14 人。他们将在火星上分析大气、尘暴和太阳

的辐射,钻探火星地质情况,勘探火星表面(图 8-5),寻找火星过去和现在的生命迹象,并在火星上种植实验庄稼。

第二阶段为温暖期,预期为 2030~2080 年。在这一阶段,将有上万名专家和工作人员火星上大规模地制造温室气体,创造人工温室效应,使火星表面的气温逐渐升高,把平均气温从-60℃提升到-40℃。为此,将在火星上利用包括太阳能和核能在内的各种能源,煅烧火星岩石,从中制取所需的气体。

第三阶段预期为 2080~2115 年,为巩固期。这一阶段火星的平均气温将上升到-15℃,大气中二氧化碳、氮气和地面水的数量都开始大规模地增加,大气层继续变厚,种植的绿色植物开始把大气中的二氧化碳转化为氧气。这时,火星环境将逐渐变得与地球接近,人们不穿太空服就能在外面活动,但仍然需要携带氧气。

第四阶段预期为 2115~2150 年,为复苏期。这时火星上的气温将上升到 10℃,低等动物和植物越来越多,氧气量越来越丰富,水也越来越充沛。很多小型的、自给自足的生物圈型火星村如同雨后春笋般发展起来,大量的地球移民开始前往火星。

图 8-5 人类在火星上进行探测活动的模拟图

　　第五阶段是最后的阶段。在这一阶段,巨大的植物系统将使火星大气富含氧气,在火星上看到的景象将是蔚蓝的天空、碧绿的原野、清清的河流、茂密的森林,原来荒芜的大地已经变得生机勃勃。这个原本红色干燥的星球,终于成了又一个绿色的世界,成了人类又一个快乐的家园。

　　并非所有的科学家都对改造火星抱这样的乐观态度。关键问题是火星的质量还不到地球的 1/9,这使得在火星上的重力只及地球的 1/3。这么小的重力不能有效地束缚住火星的大气。现在的火星大气之所以这么稀薄,就是因为这个原因。在相同时间内,气体密度越大逃逸的量也越多,目前火星大气的密度是与它的重力相适应的。因此,即使人为地采取某种办法去增厚火星大气,很可能也会增加多少就逃掉多少,增厚火星大气的目标永远也不可能达到。

　　火星上重力小还带来一个问题,那就是若使火星气候回暖,两极和地下冰冻着的水都变成了液态水,在敞开的火星表面流淌,那么这些液态水不可避免地会逐渐蒸发掉。在地球上,重力使蒸发的水蒸气束缚在低层大气中,并通过雨、雪等降水形式重新返回地面。可是在火星上,由于重力小,蒸发到大气里的水蒸气将会有相当一部分逃逸到太空中去,再也不可能返回火星表面。于是,火星上的水将会越来越少,并最终丧失殆尽。火星在它的地质历史上曾经拥有过比现在多得多的水,那时的火星比现在温暖得多,火星表面普遍有液态水流淌。然而,现在这些液态水到哪里去了呢?除了一小部分变成固态的冰储存在两极和地下外,绝大部分很可能已蒸发逃逸到太空中去。

　　因此,究竟怎样改造、开发火星,必须十分慎重对待,有关的方案要在地球上先通过试验来确定其可行性。必须绝对避免由于人类决策的错误而给火星带来永远无法挽回的灾难性后果。

　　考虑到火星上重力较小这个无法改变的因素,人类开发火星的思路很可能需要作大的改变。也许,仍会采取与开发月球相类似的

图8-6　未来人类先遣队在火星上的居住地

方式,在火星上建立一个个封闭的、具有独立生态系统的火星村(图8-6)。这比起改造整个火星要容易实现多了,而且由于火星上的自然条件比月球更有利,也比建立月球村来得容易。未来人类若真的需要向火星移民,那些移民也将生活在这样的火星村里。

木卫和土卫世界

火星是地球的近邻,人类在走出家门口以后,首先走向这一近邻,那是再自然不过的。接着,人类就会继续飞向远方。

然而,在太阳系中,已经不再有哪颗行星允许人类像开发月球和火星那样进行开发了。即便在几亿年后的非常遥远的将来也是如此。

当然,对于太阳系内的其他星球,人类的探测活动不会停止,他们会继续不时地发射无人探测器去这些星球进行科学考察,也许还会乘坐载人飞船去那里环绕这些星球飞行。人类通过这些活动,将会不断地增进对这些星球的了解,加深对于我们所处的太阳系的认识,更好地把握人类自身的命运。

人类进入太空时代后不久,就已经在探测月球和火星的同时,对太阳系中的其他星球开始了探测活动。从1961年2月到1983年6月,苏联先后发射了16个"金星号"探测器,对金星及其周围空间进行探测。美国也从1962年7月开始,发射多个"水手号"以及"麦哲伦号"探测器执行考察金星的使命。1973年10月,美国的"水手10号"还对水星进行了探测。最近,美国和欧洲又重新启动了对水星和金星的探测,于2004年8月2日发射了"信使号"水星探测器,2005年11月9日发射了"金星快车"探测器。

在20世纪70年代,美国还发射了"先驱者10号"、"先驱者11号"、"旅行者1号"和"旅行者2号"4艘探测器,飞往太阳系外围,对木星、土星、天王星和海王星进行探测。后来,在1989年10月18日,美、欧又联合向木星发射了"伽利略号"探测器,旨在探测和研究木星的大气层及其磁场和卫星。1995年12月,这个探测器成功进入了环绕木星的轨道,开始了对木星及其4颗大卫星的探测工作。

"伽利略号"探测器在1996年拍摄了木卫二的一组高分辨率照片,从一幅幅奇妙的图像上可以看到冰块已破裂分开的区域,其中的裂缝表明冰块正在移动。这说明,在这些冰块下面,很可能隐藏着一片液态水的海洋。"伽利略号"对木卫三和木卫四的探测表明,在这两颗卫星的冰层下面,同样可能隐藏着液态水海洋。

木星离开太阳的距离是日地距离的5倍多。木星的这3颗卫星,体积有的比月球略小,有的比月球还大,它们都由岩质内核和厚冰层外壳组成,表面温度低过-100℃。在这么低的温度下,怎么可能会存在液态水的海洋呢?这可能是由于木星强大的引力在这些卫星内部产生的潮汐摩擦作用,把引力能转化成了热能,而这些卫星表面厚达一二百千米的冰层,阻止了这些热量的散发,从而使冰层下面的水保持着液态。

木星的这3颗大卫星上可能存在液态水海洋,但既然是液态

水,即使考虑到水中会含有盐分,其温度最低也就是-10℃左右。这使得科学家们推测,在这些地下海洋中,可能会存在某些较低级的水生生物。地球上的生物最早就出现在海洋中,而且在几千米深的海底都有生物存在。因此,木星的这几颗卫星,也许是太阳系中最有可能存在地球外生命的地方。

正因为如此,美国国家宇航局已计划在21世纪的第二个10年发射巨型核动力飞船"木星冰卫星轨道探测器",围绕木星进行为期数月的飞行,对科学界普遍认为存在海洋或冰层的木卫二、木卫三和木卫四这3颗卫星作进一步的考察,以更确切地判断这些卫星上究竟是否存在生命。

这些卫星表面处在永久冰冻状态的大量的水,为人类揭示了一种非常有吸引力的遥远前景。大约50亿年后,太阳内部的核反应区外移,体积会发生急剧膨胀,人类必须向太阳系外围迁移,才能继续生存下去。到那时,木星的上述3颗卫星将有可能成为人类很好的落脚地。那时,由于太阳体积增大造成辐射量上升,在这几颗卫星上,表面温度会升高到0℃以上,原来表面厚厚的冰层将融化。木星卫星上大量液态水的存在,将会给人类的生存提供非常有利的客观条件(图8-7)。

土星离开太阳的距离比木星更远,是日地距离的将近10倍。土星最大的卫星土卫六比月球还大,它的表面温度比上述3颗木星卫星还要低几十摄氏度。木星那3颗卫星几乎没有大气,土卫六却有着浓厚的大气层,其主要成分是氮,还有少量甲烷等有机气体。土卫六的表面据推测也是冰层,冰层上可能有甲烷海洋。

1997年10月,美、欧发射了"卡西尼(Cassini)号"探测器,执行探测土星和土星卫星的使命。2004年7月,这个探测器进入环绕土星运行的轨道。2005年1月15日,"卡西尼号"施放的"惠更斯(Huygens)号"着陆器进入土卫六大气层,对土卫六进行探测。"卡西尼号"发回的照片显示,土卫六表面的部分地区确实好像聚集着液

图8-7　几十亿年后木卫三的表面情况想象图

态甲烷,而"惠更斯号"发回的照片也显示土卫六表面存在着河流似的东西,其中应该流淌着液态甲烷。

科学家们认为,土卫六现在的情况与几十亿年前原始地球发展出生命前夕的情况酷似,土卫六表面的低温抑制了这颗星球继续演变下去,发展出像地球这样丰富多彩的生物世界。如果真是这样,那么再过几十亿年,当太阳膨胀以后,土卫六将能够接受到今天地球所接受到的那么多太阳能,它就会逐渐变得像今天的地球一样,成为一颗生机勃勃的蓝色海洋星球,成为那时候人类移居的新家园。

太阳系外的智慧生命

远古时代,人类面对风雨雷电、山火洪水,愚昧地以为在苍天之上有神仙、上帝,是他们制造了这些灾难来惩罚人类,他们生活在人类世界之外,具有远远超过人类的种种本领。这一基本特征,与今天

一些"科学幻想"作品中的外星人多么相像!

人类很希望能在太空中的另一颗星球上找到自己的同类,可是在太阳系里竟然找不到一颗这样的星球。于是,不得不把目光转向了更加遥远得多的恒星世界。是啊,既然太阳周围能有地球在围绕它转动,那么在别的恒星周围难道不应该也有像地球这样的星球绕之转动吗?那么,只要这些太阳系外的行星也具有像地球一样的条件,不就应该也有像我们人类一样的高等生物在那里生活着吗?

这种很合乎逻辑的推理,使得关于生活在太阳系外行星上的外星人的种种幻想又流行了起来。一些科学家开始从太空中搜索外星人活动的蛛丝马迹,尽管这比大海捞针还要难得多。一些天文学家想到,应该首先在一些离太阳系相对较近的恒星周围搜索如同地球这样的行星。

最近的恒星离开地球有 4 光年多,比海王星远 8900 倍。所以,太阳系外的行星靠反射它绕着转动的恒星的光而发光,到达地球的光是极端暗弱的,要直接观测到它们极其困难。最初用来寻找太阳系外行星的方法,是检测它们与相应恒星之间的万有引力对恒星运动速度的影响。1995 年,两名瑞士天文学家用这种方法首先发现了在一颗离开我们 40 光年、名为"飞马座 51"的恒星周围存在一颗质量为木星 0.45 倍的行星。

直到目前为止,检测恒星的运动速度变化仍然是寻找太阳系外行星的主要方法。另一种方法是检测恒星亮度的变化,这需要这颗行星在恒星圆面前方通过,发生所谓的"凌星"现象。由于行星本身不发光,就会把恒星的光挡住很小的一部分,于是恒星的亮度就会发生微小的变化。1999 年,美国的一个天文学家小组用这种方法观测到一颗距离我们174光年、名为HD209458的恒星有一颗质量为木星0.73倍的行星(图8–8)。

利用太阳系外行星的凌星现象,可以发现这颗行星是否存在大气,并测定大气的成分。天文学家发现HD209458旁边的那颗行星上存在大气,但温度高达11 000℃,充满钠的蒸气,并不适合生命的生存。

　　无论运用哪种方法去寻找太阳系外行星,需要检测的运动速度变化或者亮度变化都是极其微小的,只有使用现代大型望远镜配以最精密的测量仪器才可能有所猎获。尽管如此,迄今天文学家发现的太阳系外行星已经超过200颗。然而,它们几乎都是大小与木星相仿的气态行星。那么,是不是在太阳系以外不存在像地球般大小的岩石行星呢?当然不是。但是行星的质量越小,就越难以被天文学家检测到,越难被人们发现。

　　2007 年 4 月 25 日,欧洲南方天文台一个由 11 名天文学家组成的研究小组宣布, 他们在天秤座内一颗离开我们 20.5 光年、名为"格里泽 581"的恒星旁,发现了一颗大小为地球 1.5 倍、可能适合人类居住的行星。他们声称这是人类首次在太阳系外发现"又一个地球"。恒星格里泽 581 的质量只有太阳的 1/3、亮度只有太阳的 1/50、表面温度仅 3000℃左右,发着红光。新发现的行星与这颗恒星的距离只有日地距离的 1/14,比水星到太阳的距离还近很多,因此,如果这颗行星的表面主要由岩石和水构成, 那么其地表温度应在 0℃到40℃之间,完全适合人类居住。不过,天文学家们尚无法确定在这颗行星上是否有氧气和水。据一位研究参与者说,在理论上, 这颗行星上应该有大气,但大气的成分究竟是什么还是个谜。另一位研究参与者则推测,这颗行星上很可能有液态水,但目前还没有证据能证明这一点。

图8-8　飞马座中恒星HD209458的行星"凌星"示意图

　　直到现在,天文学家还没有发现一颗能完全肯定地说与地球真正相像、并且适合像人类这样的高级生物生存的太阳系外行星。然而,在茫茫宇宙中一定会有这样的行星存在,问题在于要进一步改善观测的手段。据报道,美国将于 2009 年实施"开普勒计划",向太空中发射一架专门用于寻找第二地球的太空望远镜。欧洲则将在 2011 年发射一颗以大地女神盖娅(Gaia)的名字命名的天体测量卫星,其观测精度足以发现数千颗太阳系外行星。欧洲还计划在 2015 年实施"达尔文(Darwin)计划",届时将有 8 台太空望远镜发射升空,它们将组成一个系统,对距离我们约 20 光年的 300 来颗类似太阳的恒星进行观测, 专门在这些恒星周围寻找类似地球这样的行星。美国卡耐基学会的天文学家巴特勒(Paul Butler)对记者说:"也许只需 20 年,人类就可以真正发现第二个地球。"

　　迄今为止,科学家还是认为,只有在大小与地球差不多的岩石行星上才可能存在高级生命。这种行星与恒星的距离应该在一定范围内,使其表面平均温度最低不低于-30℃,最高不高于 100℃。在一颗恒星周围,满足这样温度条件的距离范围称为"可居带"。

　　一颗恒星周围可居带的范围与恒星本身的质量有关(图 8-9)。恒星质量越大,体积也越大,而且表面温度越高,但是它的寿命也就是维持内部稳定的热核反应的时间就越短。一些质量非常大的恒星寿命只有几千万年,在这样的恒星周围,即使有类似地球的行星,也来不及产生任何生命物质。不过,这样的恒星数量很少,绝大多数恒星的质量为太阳的数倍到不足百分之十,这些恒星的表面温度随其质量的减小而从上万摄氏度降到约 3000℃。恒星的表面温度越低,可居带就越窄小,同时也越靠近恒星。

　　另一个问题是一颗恒星能为其周围行星上可能存在的生命提供多久的支持,这实际上就是这颗恒星的寿命问题。恒星的质量越大,寿命就越短,这种依赖关系十分显著。太阳的寿命是 100 亿年,1.25 倍太阳质量的恒星寿命约 40 亿年,1.5 倍太阳质量的恒星寿命约 20 亿年。虽然在太阳系外的行星上，生命发展到与地球人类相当，也一定要经历约 40 亿年，但至少可以说，只有质量与太阳差不多或者更小的恒星周围，才会有足够的时间孕育出像人类这样的智慧生命。

20 世纪 60 年代，射电天文学家德雷克(Frank Drake)提出了一个公式，可以用来估计在银河系中可能存在智慧生命的行星的数量。根据这个公式，这些行星的数量是 5 个因数的乘积。

首先是在银河系中存在的恒星总数，可大致取为 1000 亿颗。

第二是有行星的恒星在银河系所有恒星中所占的比例。这很难准确地确定，只能给出一个取值范围，即在 1% 至 30% 之间。

第三是平均在一颗恒星周围处于可居带内的行星数量。这个数字更难以准确估计，可能的取值范围是 0.01 颗到 3 颗，后者就是太阳系中的情况。

第四是位于可居带内的行星中出现生命的行星所占的比例。科学家对此的估计出现了极大的分歧。有的科学家认为在适合生命出现的地方都会有生命出现，那么就是 100%；

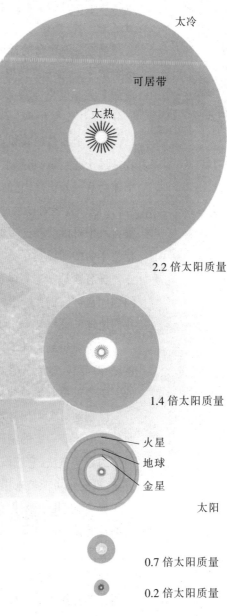

图8-9　不同质量恒星周围的可居带

也有科学家认为生命的出现是一种极其偶然的现象,比例只有百万分之一。

第五是有生命的行星中发展出智慧生命的行星所占的比例。对这个数字的看法差异也非常巨大,有的认为是 50 % ,也有的根据地球上人类的出现有那么多的偶然因素而认为这一比例也只有百万分之一。

这 5 个因数的乘积,介于 10 万分之一到 450 亿之间。显然,前者是过于悲观了,它等于说,要在 10 万个像我们银河系这样的星系中才会有一颗恒星,它的周围有一颗行星存在着像人类这样的智慧生命。后一数字则显然过于乐观。更可能的是一种折衷情况:生命在银河系中可能会在许多恒星周围存在,但是能够发展出像人类这样智慧生命的却极其罕见。

著名物理学家费米(Enrico Fermi)在 20 世纪 40 年代就外星人问题问道:"它们在哪里?⋯⋯为什么我们没有看到这样的文明拜访我们地球的证据?"

德雷克想到了外星人可以通过无线电信号与我们相互联系。20世纪 60 年代,他首先开始在美国西弗吉尼亚州用一架 25.5 米口径的射电望远镜收集地外文明信号。

区别地外文明信号与宇宙中天体的射电信号的标志,是地外文明信号应该有一定的编码形式,而这种编码形式的基础一定是某种简洁的数学方法,它应该已经被我们人类所掌握。例如,二进制计数方法,就是最可能被采用的编码形式。

如今,有几十个搜寻地外文明信号的观测计划正在执行,其中有的甚至使用了世界上最大的射电望远镜,还通过国际互联网让广大天文爱好者参与分析有关的信号,但一直没有取得什么成果。

除了被动地收集外星人的信号以外,科学家还从地球上向一些可能存在外星人的星球主动发送了无线电信号。1974 年,美国科学家用位于波多黎各的直径 305 米的阿雷西博射电望远镜反复发射了一串带有地球人类信息的无线电信号,发射的方向是武仙座中一个离开我们2.5万光年的球状星团M13。球状星团中有大量质量不超过太阳的恒星,据认为存在外星人的可能性相对来说要高一些。假如那里真有外星人,假如它真的收到并破解了这些信号,然后向地球发送回电,那么等人们接收到也是5万年以后的事情了。

外星人应该存在,宇宙中应该存在像地球一样的星球和像人类一样的智慧生命,只是它们太罕见,离开地球太远、太远了。

然而,不管怎样,人类还是会继续寻觅。

飞出太阳系

人们为什么要搜寻太阳系外的行星?为什么要在太阳系外寻找"第二个地球"?为什么希望能够在这第二个地球上找到智慧生命?为什么要花那么多的精力去搜索地外文明信号?为什么试图与外星人进行通信? 这表明了人类的一种渴望,渴望证明自己在无际的太空中不是孤独的,渴望能够与太空深处的同类进行交流。

当然,最好的交流是面对面的交流。一些网友通过互联网上的交流成为知音,终还渴望着要能够当面一见、携手共聚。如果将来的某一天,人类真的发现在太空中的某一颗恒星旁,有一颗像地球一样的星球,在这颗星球上生活着像我们一样的智慧生物,那么这时候人类最迫切的一个愿望,就是设法去访问我们的同类。

1972年3月2日和1973年12月3日,美国先后发射"先驱者10号"和"先驱者11号"两个探测器,这是人类最早向太阳系外派遣的两位信使。

"先驱者10号"在探测木星之后,于1983年6月13日越出海王星轨道,从而已超越太阳系八大行星,成为第一个飞向恒星际空间的航天器。2003年1月22日,地面控制人员最后一次收到从"先驱者10号"发回的清晰信号。那时它距离地球122亿千米,发回的信号在途中用了11小时20分才到达地球。现在,"先驱者10号"正

靠惯性飞向金牛座中距离地球 68 光年的恒星毕宿五，大约还需要200 万年时间才能抵达这个目标。

"先驱者 11 号"在探测了木星和土星后，于 1995 年 9 月因放射性同位素热电产生器损坏、电池耗尽而与人类失去联系。它已于1990 年 2 月越过冥王星的轨道（图 8–10），现在正向天鹰座前进，400 万年后将飞近天鹰座的一颗恒星。

在两个"先驱者号"探测器上，都带有一块镀金铝质的金属牌，它是一封地球人类的"介绍信"。金属牌上端镌刻着氢原子符号；右部为一对男女裸体人像，人像背后是按比例绘制的探测器外形，以示人体的大小；下部是太阳和当时认定的九大行星，以箭头表示探测器从地球出发及其航行路径；左部绘出地球相对于 14 颗脉冲星的位置。

1977 年 8 月 20 日和 1977 年 9 月 5 日，美国又先后发射"旅行者

图8-10　两个"先驱者号"和两个"旅行者号"探测器飞出太阳系的路线

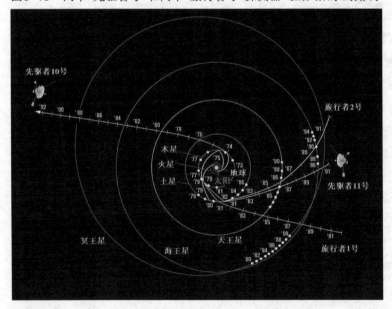

2号"和"旅行者1号"两个探测器,目前它们都还在努力地工作着,与人类的通信联络可一直持续到2020年。"旅行者1号"在探测了木星和土星以后,于1988年11月飞过冥王星的轨道,目前距地球将近140亿千米。"旅行者2号"在探测了木星、土星、天王星和海王星以后,于1989年10月飞过冥王星轨道,目前距地球约110亿千米。预计经过100万年的旅行之后,"旅行者2号"将距太阳约50光年。

两个"旅行者号"探测器也都携带了人类的"名片",它们比"先驱者号"的"名片"高档了许多。这是一张镀金铜质唱片,一面用图像编码录制了115张照片和图表,介绍太阳系的概况及其在银河系中的位置、地球的面貌、人类的科学技术发展和社会状况等,其中包括中国长城的照片和中国人家宴的画面;另一面录制了当时的联合国秘书长和美国总统的贺词、55种语言的问候语、27首世界古今乐曲和35种自然界的声响,其中包括中国的普通话、粤语、厦门话和江浙语,以及贝多芬(Ludwig van Beethoven)、巴赫(Johann Sebastian Bach)的名曲和中国的古曲《流水》。

当时的美国总统卡特(James Earl Carter)在贺词中宣告:"这是来自一个遥远的小小星球的礼物,它代表了我们的声音、科学、形象、音乐、思想和感情。我们正在努力,相信将来有朝一日将会解决所面临的问题! 希望遥远的世界能够了解我们的希望和决心,以及对你们良好的祝愿!"

实际上,"先驱者号"和"旅行者号"的使命只是探测太阳系外围的行星和空间,这一使命现已完成。它们现在只是依靠惯性前行,因此不可能到达任何确定的目标,更不可能在哪颗有地外智慧生命存在的星球上降落。不管是"先驱者号"上的金属牌,还是"旅行者号"上的唱片,都只能永远地在茫茫太空中游荡。人类的这种举动,表明了人类的一种期待,一种愿望:渴望着能够飞出太阳系,进入更广阔的恒星际空间,去寻觅自己的知音。

可是,像"先驱者号"或"旅行者号"这样的航天器飞出太阳系时

的速度只有 16 千米/秒多些,以这样的速度飞越恒星间以若干光年计的距离,所需要的时间将以十万年、百万年计。要想实现恒星际飞行的梦想,依靠这样的航天器是完全不行的,必须在技术上有根本性的新突破。

向太阳系外移民的幻想

向月球、向火星、向太阳系内其他的星球以及太阳系外的星球大规模移民,至少在我们能够想象的未来,还不会真的这样去做。不过,如果想到更加遥远的未来,比如说几亿年、几十亿年之后,先是太阳表面温度升高,以后到了太阳的垂暮之年,虽然它的表面温度下降了,体积却大为膨胀,使得地球不再是人类的理想家园,这时人类向太阳系外围星球迁移将是必然的,并且最终随着太阳濒临死亡,人类将不得不向太阳系外移民(图 8-11)。

人类向太阳系内的星球移民,还存在许多难题需要进一步去解决,但从理论上来看,并不存在不可逾越的障碍。然而,若要向太阳系外移民,那横亘在人们面前的困难,在理论上都还看不到真正的解决途径。即使是载人恒星际飞行,以严肃的科学态度来看,也还看不到出路在哪里。

美国科学家、天文科普作家奥登瓦尔德(Sten Odenwald)在其《重返天文咖啡馆》一书中表达了他对一些所谓科幻作品的不满:"这种小说早就越出了科学的疆域,而且现在已经变得离奇古怪。……这些东西,都不是依据我们对现今宇宙的认识来编的,因此无论是阅读还是观看它们都不能令人相信。举例来说,科幻小说向我们展示,在未来,人们可以像作一次跨国驾车周游那样来实现星际旅行,而这是决不可能的。……没有一个故事符合广义相对论,甚至与牛顿运动定律都格格不入。"

在同一著作中,奥登瓦尔德在回答"人类总有一天会去恒星旅行吗"这个问题时,写道:"我不得不悲观地说:'最近的将来是做不

图 8-11 科幻作品中的恒星际载人飞船

到的,至少在接下来的 200 年内不可能做到。'……这些技术难题是
非常具有挑战性的。即使有了最好的条件,并采用我们最先进的离
子发动机,到达已知拥有行星的最近一颗恒星也得花上几百年的时
间。在这段时间内,所有系统的运行必须保证不出任何差错,或者有
问题也可加以修复。……我们最大的问题是安全性。对于人类的复
杂技术来说,还没有哪一种技术能在超过 100 年的工作时间内无需
作任何修复而一直保持正常的运转。在宇宙空间中是没有维修站
的,所以在几十年、甚至几百年的长时间旅行中,你必须带上或者能
制造出你所需要的一切航天器的零部件。"奥登瓦尔德认为更具决
定性的一个因素是政治和经济上的价值。进行一次恒星际载人旅行
所需要消耗的财富将是极其浩大的,没有非凡的利益驱使,是不可
能下决定承担这种消耗的。

确实,人类完全不必急于操心向太阳系外移民的问题,即使是
载人恒星际飞行,现在也看不到任何的必要性。至于几十亿年后的

事情,那实在太遥远了。只要想一想人类文明的历史才不过几千年,而近代和现代科学技术的发展只有几百年,那么我们还有什么必要去为几十亿年以后的事情着急呢?

当然,以科学的严肃态度,依据今天的认识来设想一下,如果人类未来要飞出太阳系,将有可能采取什么样的方式,这仍是一件很有意义的事情。

这样一次旅行的交通工具,很可能会是激光驱动的光帆飞船。用于驱动光帆飞船的激光发射器,很可能会建在月球上。假使这样的光帆飞船能够加速到光速的1/30,那么前往离开我们最近的恒星也需要120年以上,来回就需要200多年。因此,这艘飞船将是一座各方面功能极其完善的太空城市,一个真正的"诺亚方舟",舟上有着能够保证在200多年内良好运作的独立生态系统。

1/30倍光速不可能造成明显的相对论效应从而使飞船内的时间进程明显变慢,因此,乘坐这艘飞船的所有出征者活着到达目的地的可能性也实际上为零。为了完成这200多年的旅程,至少需要四代人,实际上恐怕要六代人以上才行,宇航员们必须在他们的诺亚方舟上繁殖后代。有鉴于此,方舟出发时的乘员不可太少,男女数量要平衡,而且相互之间没有血缘关系。整个飞船上的人们将必须构成一个小型的现代社会,尤其必须有优良的医疗、教育设施,以保证后代能健康、正常地成长,有足够的能力继承前辈的事业。

有人设想用人工冬眠技术来延长恒星际飞行中宇航员的生命,但至少在目前这种技术还没有成熟,而且以后即使能够实现,也很难说经过一二百年的人工冬眠后醒来,对人体的生理和心理健康会有什么样的影响。

如果人们还想向更深远的太空前进,那问题就更大了。首先是在诺亚方舟上人类种群的繁衍问题。由于需要繁衍更多代人,为了防止近亲通婚引起的种群退化,出征时就必须要拥有更大的群体,于是这艘诺亚方舟就必须造得更大,将会成为一个真正的人造地球。为了建造这样的人造地球,所要消耗的物质财富恐怕得倾当时整个地球之所有。这样一件事情即使真做成了,留下的地球就成了一个烂摊子,谁还愿意留在地球上呢?

能超越空间和时间吗

　　在一些科幻作品中, 经常出现以非常接近光速的速度实现恒星际旅行(图 8-12)。根据相对论原理,在这种情况下,时间的进程将会明显变慢,于是,飞越几十光年、几百光年的距离不再是个问题,而且,宇航员出发时是个年轻小伙子,回来时,他依然正当壮年,而他的兄弟,却已经是耄耋老人了,甚至他所见到的,已经是他孙子的孙子了。

　　那么,这样的光速旅行,真的能够实现吗?

　　奥登瓦尔德在《重返天文咖啡馆》中对这个问题作了精辟的回答,他说:"这是不可能的。物理学家与科幻作家不同,在把物质提高到接近光速的问题上他们是专家,而要做到这一点,哪怕是对像单

图8-12　想象中的飞向黑洞

个电子或质子那样极其微小的东西而言,都要花很多很多的钱。在医院中,一台用来产生医疗用同位素的典型商用直线加速器可以把质子加速到 700 万电子伏的中等能量。它的价格超过 100 万美元,但是它几乎不可能把质子加速到 1% 光速。"

奥登瓦尔德又从能量的角度进一步阐述光速旅行的不可能。他说,要想把一个质子的速度加速到光速的 99.999 999 999 999 9 %,所消耗的能量为 15 万焦耳。"让我们假设一艘空间飞船的质量为 200 吨。把这艘飞船加速到哪怕是光速的 99 %(这个速度已经快到足以使你在星际旅行中感受到时间扩展效应),所需要的能量为 2000 万亿亿焦耳。"即使你试图通过 50 年的加速过程慢慢地达到这个速度,你在这 50 年内消耗的总能量还是必须要这么多。现在全球年发电量不到 200 亿千瓦小时,或者说不到 10 亿亿焦耳,而 2000 万亿亿焦耳的能量,超过现在全球年发电量 200 多万倍。你怎样在 50 年内获得这么多的能量?

另一个更为严重的问题是,当你以接近光的速度穿越太阳系并飞向远方时,你要遭到尘埃微粒和微陨星的猛力撞击,它们会像子弹穿过奶酪一样击穿你的飞船,当它们以接近光的速度击中你的飞船舱壁以及你的身体时,会撞出致命的 X 射线。一颗尘埃微粒所具有的破坏力等于一枚小型的核弹。

在一些最新的科幻作品中,又出现了一种更加时髦的设想,即借助"虫洞"来穿越"星际之门"。所谓"虫洞",就像"黑洞"一样,是广义相对论中关于时空的一个概念,但它直到现在还仅仅是理论上的产物,并没有得到实验或观测的证实。虫洞是时空结构的一种通道,也就是所谓时空隧道,把两个不同的时空连接起来。它能扭曲人们所熟知的空间,可以把原本相隔亿万千米的两地变成咫尺近邻。虫洞的两端均可出入,允许双向交通。于是有人设想,如果能在我们的周围找到一个虫洞,它的另一个出口例如在离开我们 26 光年的织女星,人们也就能够在顷刻之间穿越虫洞到达织女星(图 8-13)。

　　对此,奥登瓦尔德说:"目前还没有发现任何证据可以说明有虫洞存在……虫洞要求一组特定的坐标使它们得以形成,而且对一个像我们的宇宙那样复杂的宇宙来说,找不到任何现成的方式可以使这种特别选择的坐标看上去能真的实现。……对于许多科幻作家来说,他们都喜欢用虫洞来实现空间飞船从我们宇宙中的一地到另一地间的快速旅行。但是,所有这些观念的基础,都是一些关于它们也许会怎样产生这种效果的'纯数学'描述。大自然往往比任何理想中的抽象描述要复杂得多。宇宙中不存在完美的直线,同样也不可能有虫洞。"

　　你可以把奥登瓦尔德的话看作只是一家之言,可他说的是当今科学对于诸如此类问题的真正认识。也许,恒星际距离对于人类的旅行来说确实是太遥远了。正是由于这个原因,尽管应该认为地球和人类在宇宙中绝对不可能是仅此一家,但人们迄今也没有发现确凿的证据,足以证明在地球的历史上真的曾有外星人来访。

图8-13　科幻作品中的虫洞旅行示意图

人与宇宙(艺术画)

结束语　人类文明的新阶段

随着 21 世纪的到来,新一轮的探月和登上火星的任务,已经摆到人类的面前。

月球开发是知识经济发展的新动力,月球开发不仅将使航天产业得到前所未有的发展,而且还涉及一系列相关的新兴科技产业,为这些产业的发展开辟新的天地。

月球开发将引发新的国际合作和竞争。月球开发,仅靠一两个国家是远远不够的,它需要全人类的通力合作。然而,人类社会中的不信任和敌视依然存在,因此竞争也就始终与合作并存。

月球开发将促使人类重新认识自己的生存环境。人类面对月球这样一个荒漠世界,将更觉得地球家园的可贵。当人类为开发月球资源而付出艰辛劳动的时候,将会更懂得如何爱惜地球献给人类的资源。

月球开发是人类向外星迁徙的一种准备。人类必须学会爱护地球,爱护自然,这是避免人类文明在未来几百年或几千年内没落和毁灭的关键。但是,如果人类要把自己的文明延续到几亿年、几十亿年以后,那么向外星迁徙将是不可避免的人类必需为此而奋斗,月球开发就是迈向这个目标的第一步。

人类自诞生以来,还从未像现在这样与地球外的世界如此亲密地接触。航天技术给人类的幻想插上了现实的翅膀,"嫦娥奔月"已经不再是古老的神话,未来的月球村将会超越传说中的广寒宫。

人类的历史,与宇宙的历史相比,十分短暂。宇宙中无数的"未知"依然横亘在我们面前,等待着我们去探索、去开拓。从开发月球,到开发太阳系内的其他星球,乃至飞出太阳系,人类跨出地球家园的每一步,时时都需要探索和开拓"未知"的科学精神和态度。

人类开发太空、开发月球所需的这种科学态度,也正是我们今天对待地球所应具有的态度。太阳系中不会再出现第二个能像今天的地球那样适合人类生活的星球。我们有什么理由不珍视自己的美好家园呢?如果我们一面把地球糟蹋得满目疮痍,一面却幻想把月球或者火星改造为"第二个地球",这难道不十分可笑吗?

人类要创造更高级的文明,科学就是通向更高级文明的桥梁,就是延续人类文明的保障。有朝一日,当科学成为全人类每个成员必备的素养时,人类文明就会达到一种前所未有的更高的新水平!

图书在版编目（CIP）数据

超越广寒：月球开发的迷人前景/王家骥著.—上海：上海科技教育出版社，2007.10（2023.8重印）

（嫦娥书系；6/欧阳自远主编）

ISBN 978-7-5428-4116-2

Ⅰ.超… Ⅱ.王… Ⅲ.月球探索—远景—普及读物

Ⅳ.V1-49

中国版本图书馆CIP数据核字（2007）第132505号

嫦娥书系

欧阳自远 主编

超越广寒 月球开发的迷人前景

王家骥 著

丛书策划	卞毓麟	
责任编辑	卞毓麟	
装帧设计	汤世梁	
出版发行	上海科技教育出版社有限公司	
	（上海市闵行区号景路159弄A座8楼　邮政编码201101）	
网　　址	www.sste.com　www.ewen.cc	
经　　销	各地新华书店	
印　　刷	天津旭丰源印刷有限公司	
开　　本	890×1240　1/32	
字　　数	188 000	
印　　张	7.5	
版　　次	2007年10月第1版	
印　　次	2023年8月第3次印刷	
书　　号	ISBN 978-7-5428-4116-2/P·17	
定　　价	46.00元	